思利及人的力量

（2025版）

李惠森　著

中信出版集团｜北京

图书在版编目（CIP）数据

思利及人的力量：2025 版 / 李惠森著 . -- 北京：中信出版社, 2025. 7. -- ISBN 978-7-5217-7739-0

Ⅰ. B848.4-49

中国国家版本馆 CIP 数据核字第 2025B02T68 号

思利及人的力量（2025 版）

著者： 李惠森

出版发行：中信出版集团股份有限公司

（北京市朝阳区东三环北路 27 号嘉铭中心　邮编　100020）

承印者： 北京通州皇家印刷厂

开本：880mm×1230mm 1/32　　印张：9.5　　字数：164 千字
版次：2025 年 7 月第 1 版　　印次：2025 年 7 月第 1 次印刷
书号：ISBN 978–7–5217–7739–0
定价：79.00 元

版权所有·侵权必究
如有印刷、装订问题，本公司负责调换。
服务热线：400-600-8099
投稿邮箱：author@citicpub.com

本书版税所得全部捐赠给思利及人公益基金会

目 录

2025 版序 　　　　　　　　　　　　　　　　　　　　　VII
推荐序　思利及人铸就了百年李锦记　　　　　　　　　　XI
引言　拥抱智慧的力量　　　　　　　　　　　　　　　　XVII

第一部分　思利及人

什么是"思利及人"？　　　　　　　　　　　　　　　　005
如何做到思利及人？　　　　　　　　　　　　　　　　　006

要素 1　直升机思维

直升机，不容易　　　　　　　　　　　　　　　　　　　013
"我们" > "我"　　　　　　　　　　　　　　　　　　　015
与"我们"有关　　　　　　　　　　　　　　　　　　　018
轮流做主持人　　　　　　　　　　　　　　　　　　　　020
一体化　　　　　　　　　　　　　　　　　　　　　　　022
信任是"我们"的基石　　　　　　　　　　　　　　　　024
让自己更快乐　　　　　　　　　　　　　　　　　　　　029

要素 2　换位思考

什么是换位思考　　　　　　　　　　038
换位思考不容易　　　　　　　　　　040
"我"有局限　　　　　　　　　　　　041
站在对方的角度思考　　　　　　　　045
看出发点　　　　　　　　　　　　　050

要素 3　关注对方的感受

关注体现尊重　　　　　　　　　　　057
好心办坏事　　　　　　　　　　　　059
做教练不做家长　　　　　　　　　　060
主动聆听　　　　　　　　　　　　　068
透视"冰山一角"　　　　　　　　　　073
欣赏差异　　　　　　　　　　　　　079
小　结　　　　　　　　　　　　　　086

第二部分　原则一：造福社会

做好一件小事，也可以帮助他人　　　092
造福社会就在我们身边　　　　　　　093

法则 1　使命，让生命有意义

"盖棺论定"的启发　　　　　　　　　097
从"相信"到"一定要"　　　　　　　101

使命就是责任 104
使命需要激励 107

法则 2　借力，使生活更轻松
借力而行，路更宽 116
参与的威力 117
心一致，行动一致 120

法则 3　创新，为成功加速
谁都能创新 130
培养创新意识 134
我的创新实践 137
小　结 142

第三部分　原则二：务实诚信
什么是务实诚信？ 146

法则 4　自律，做最好的自己
对自己负责 153
先定目标再行动 159
把你的目标讲出来 163
以身作则 165
外圆内方 168

法则 5　专心，汇聚能量

专心才能做到最好　　178
"舍"是一种智慧　　179
细节成就卓越　　183
赢在坚持　　187

法则 6　诚信，赢得信赖

诚信，必需的选择　　196
诚信经得起时间的考验　　197
言行要一致　　198
一诺值千金　　200
做比说更有效　　204
小　结　　208

第四部分　原则三：永远创业

为什么要永远创业？　　212
"六六七七"就开始干　　213

法则 7　学习，使人进步

学习才能适应变化　　219
学习，从身边开始　　220
养成阅读习惯　　222

| 逼自己上台 | 225 |
| 永不封顶 | 229 |

法则8 平衡，才能走远

全面地看问题	238
具体问题具体分析	239
平衡是一种艺术	240
健康、家庭和事业的平衡	243
我的平衡方法	248

法则9 系统，让成功持续

假如只有你能做	257
系统是什么	258
系统确保永续经营	259
"造钟"替代"人工报时"	260
简单是定律	265
用"学做教"建系统	270
小　结	275

思利及人公益基金会 277

2025 版序

首先，我要衷心感谢大家对《思利及人的力量》一书的支持与厚爱。自 2007 年首次出版以来，这本书引发了许多读者的共鸣，销量也超出了我们的预期。

2012 年我们曾推出这本书的升级版，对部分内容做了修订和更新，得到了广大读者的肯定与好评。十多年过去了，为了满足更多读者的期待和需求，我们决定再次更新和修订书稿，并推出 2025 年版。

我希望通过这本书，继续将我个人的人生感悟、公司和团队多年来的经营心得分享给更多的读者，互相交流、彼此启发，成就更有意义的一生。

先父李文达先生一直倡导"思利及人"的价值观。他一生言传身教，深深影响了我们兄弟姐妹 5 人。父亲不仅教会我们做人的道理，也让我们明白，真正的成功不是个人成就，它还意味着能从"我们"的角度出发看事情。

2022年，我有幸被委任为李锦记集团执行主席，肩负起带领集团持续发展的重任。我深知，这不仅是对我个人的考验，也是对家族使命的传承。我们将继续致力于实现集团的千年愿景，让世界变得更健康、更快乐。

在这个瞬息万变的时代，每个人都面临着无数的挑战与机遇。无论是家庭、工作还是个人成长，我们都需要一种力量来指引方向。而"思利及人"正是这样一种力量。它提醒我们，在做任何决定时，不仅要考虑自己的利益，也要飞高一点儿，从"我们"的视角出发。只有这样，我们才能在复杂的环境中保持平衡，找到成就一生的法则，构建更美好的人生。

李锦记秉承"思利及人"的企业文化，致力于实现永续经营。这不仅是为了企业的长远发展，也是为了兼顾社会责任，是一个从"我"到"我们"的升华。只有从这个角度出发，才能展现出企业对社会产生的正面影响，才能构建一个更健康、更快乐的世界。

在《思利及人的力量》的初版中，我与大家分享了如何通过几个简单的法则成就一生；再版时，我结合生活中的感悟，重新梳理了这些观念，有助于我们更好地实践。而对于这次的新版，我期待已经读过这本书的朋友，可以结合自己的感悟分享给更多的人，让更多人受益。对于初次阅读本书的朋友，我希望这本书也能给你带来全新的视角、启发与思考。

最后，我期待收到大家对这本书的宝贵意见和反馈，让我们不断完善、迭代，一起将"思利及人"的文化传递到更远的地方，点亮世界！

李惠森

2025 年 6 月

推荐序

思利及人铸就了百年李锦记

如果有人问,成功的条件是什么?作为中国人,答案很简单——天地人和。

天地人和,是中国传统文化的特色。因为中国人相信天人一体,讲究天地人和。天意味着时机,地意味着环境,天时地利对于一个人的成功是非常重要的。但天地是客观的,人们唯一能够主动改变的是人与人之间的关系,即所谓的人和。

天地人和,"和"是重心,是中华民族历经数千年沧桑傲视世界的生存智慧。在这个智慧的指引下,人类与天地和谐相处,生命与社会共同发展;个人不能独立于世,要受到各种各样的制约:自然、社会、人群、家庭、道德和发展等。而正是由于拥有"和"的智慧,人类这个特殊群体才能在苦难面前迸发出超乎想象的承受能力,并永葆对世界的乐观态度。

人和的基础是家和,所以会有"家和万事兴"这句话。不要以为家人、亲人血脉相连,家和就比人和简单、容易。每个人的基本需求,比如尊重、认同、重视等,在家庭中一样都不能少。因为血脉相连,相互之间的要求会更多,期望会更高。因此,家庭的和睦、世世代代的和谐,也不是一件容易做到的事情。

人在群体和社会中的角色是渺小的,但如果你能够做到家和,结果就很不一样了。家和万事兴,人和值千金。众人齐心,力顶千钧。人的一生,要想取得成就,一定要写好一个"和"字。

怎么在人生中写好一个"和"字呢?个人怎么处理好与社会的关系呢?

李锦记这4代人的创业实践,我的体会是4个字:"思利及人"。

每个人都想获得自己的利益。但是,这个利益要从"思利及人"中来。为己为人,为人为己。"思利及人"最能够体现这种人与己的相互关系。

思利及人,关键在"人"。对人的共性的解读,让我们懂得了尊重他人的重要性;对人的长远发展的思考,让我们领悟到了处世的智慧。

思利及人，关键是解决"及人"。竞争只是世界的表象，只看到表象会走入歧途，抓住本质才能成功。对"及人"的思考和实现，能够帮助我们超越竞争的现实，看到合作的未来。

思利及人，就是"和"文化的一种深刻反映。长期以来，我一直将它作为核心价值观。在做人、持家、办企业及对待社会的过程中，这个核心价值观一直是我作决策的标准，也是李锦记持续发展的根本保障。

李锦记是我祖父李锦裳于1888年创立的，至今已经130多年了。

经过3个世纪、4代人的努力，李锦记将中国的调味品变成美食艺术精品，不仅受到消费者的广泛欢迎，更为中华美食增添了新元素。李锦记的产品现已发展至200多种美食酱料及食品。李锦记的品牌受到全球100多个国家和地区广大消费者的赞赏与欢迎，无论在哪个国家或地区，无论是杂货店或是超级市场，"李锦记"这个涵盖3个中文字的招牌都让当地华人感到亲切和自豪。

今天，完全可以这样说，在全世界，凡是有华人的地方就有李锦记的产品。李锦记已经成为亚洲知名食品品牌，成功实现了自己的第一个使命——将中华优秀饮食文化通过酱料传播到全世界。

1992年，李锦记开始了第二个使命，那就是将中华5 000年的优秀养生文化，通过中草药健康产品传遍全世界。为此，我们投资创办了无限极（中国）有限公司。经过30多年的奋斗，企业荣获中国企业联合会"2005年年度全国企业文化优秀奖"，荣获国家民政部"2007年中华慈善奖——最具爱心外资企业"称号，还蝉联美国翰威特2005年和2007年年度"亚洲最佳雇主"和"中国最佳雇主"，其"无限极"品牌在2017年中国500最具价值品牌排行榜中名列第45位，品牌价值为658.69亿元人民币。

是什么推动着李锦记走过了100多年，并将持续健康地走向未来呢？

我的感受是文化，是中华民族的灿烂文化。

这种文化投射到李锦记的身上，可以总结为"思利及人"的文化。百年李锦记，经历了无数的风雨曲折。在每一次面临选择的关头，都是思利及人给了我们指引。我体会到，思利及人就是顺应人性、顺应时代、获取成就、造福社会的指南。思利及人深深地影响着李锦记的发展，思利及人的文化铸就了李锦记。

我很高兴地看到，这本书第一次系统、通俗、简单地将"思利及人"的精髓展现出来，有理论、有实践、有事例、有分析、有体验、有指引。这本书是作者对人生的思考，也是对成就人生的经验分享。

作为父亲，我为惠森感到骄傲。这本书反映出他的观念和能力，这种观念和能力，曾经帮助他健康成长，还将帮助他在将来有更大的发展。

作为李锦记快速发展的见证人，我为家族感到欣慰。这本书所揭示的道理和方法，都在李锦记事业的发展中得到了有效验证。

作为炎黄子孙，我为祖国感到自豪。中华文化的博大精深，成就了李锦记昨天的崛起，还将成就明天的辉煌。

人类的追求是永无止境的。这个追求是人性中理想、传承和可持续发展的需求。我希望通过这本书的出版，能够帮助更多的人了解中华文化中思利及人的精髓，拥有思利及人的力量，获得思利及人的智慧，享受无悔的人生。

李文达

前李锦记集团主席

引言

拥抱智慧的力量

每个人的生命只有一次，你会怎样度过呢？是虚度年华，还是成就一生？

人生难得，值得我们每个人好好珍惜。珍惜人生最好的方法就是让自己过得有价值、有成就。

怎样成就一生？成就一生有哪些至关重要的法则？

很多人都想知道答案。这也是我在自己的人生经历中一直思考、探寻和实践的问题。

20 世纪 60 年代初，我出生在一个世代做酱料的家族。发展到我们这一辈，已经是第 4 代了。在我小的时候，家里的生意已经有了一定规模，但家境实际上只能算是一般。我在香港度过了童年，12 岁离开父母，到美国求学。这段经历，让我从很小的时候起就学会了怎样独立生活，并从中感悟了很多人生的道理。

大学毕业后，我回到香港工作，在银行做过投资顾问，开过连锁餐饮店，投资过房地产，做过财务和人力资源管理。20世纪90年代初，内地经济飞速发展，我和父亲一起来到广州，投资经营中草药健康产业。

现在，30多年过去了，我经历了很多。在我最忙碌的时候，我曾经身兼七职，有成功，也有挫折；有获得成就时的喜悦，也有遇到沉重打击时的痛苦反思。

我的人生并非一帆风顺，这让我感到非常幸运，因为它让我有机会对如何成就一生有更为深刻的体验和思考。

非常幸运的是，家庭的熏陶从小就开始影响着我，它不仅教会了我如何对待生活，也教会了我在人生成长的道路上如何处理各种矛盾，还给了我一个很好的角度来体验如何领导一家企业持续快速地发展。

非常感谢我的爸爸妈妈、我的兄弟姐妹、我的妻子、我的孩子、我的家族、我的老师、我的朋友和我创业的同事与合作伙伴……是他们陪伴着我一起经历，一起成长；是他们让我在这30多年，收获了很多；是他们给我未来的人生道路带来了不少非常有价值的体会和感悟。

近年来，我一边感悟，一边与他人互动分享。我发现，通过相互分享，我吸收了更多他人的智慧和经验，同时我的这些分享也给他人带来启发和参考。如果这些互动分享的范围更大些，让我可以获得更多人的智慧和经验，也能够给更多的人带来启发和参考，那不是一件很有意义的事情吗？

于是，我有了写书的念头。

我组织了几个同事，他们是俞江林、麦兴桥、史坦尼、李晓翔和蔡华。我们历经一年多的时间，将我这些年来经历的种种人和事，以及其中的感悟整理成文字，形成了这本书。在这本书中，有很多内容是受到家庭影响的结果，其背后是中华文化的熏陶，它让我受益匪浅。

我们以探索"如何成就一生"为本书的主题。从我的经历感悟中总结归纳出成就一生最为重要的9个法则，这9个法则源于3个原则——造福社会、务实诚信、永远创业。这3个原则又来源于一个核心，这就是中国古老的哲学思想——思利及人。

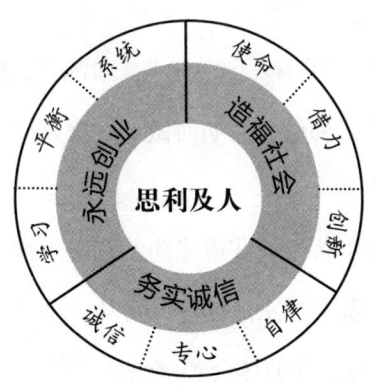

全书将从4个部分来分享成就一生的9个法则。

第一部分，我们先来认识思利及人。了解思利及人的3个基本要素，透过对3个基本要素的分析和运用，来加深对思利及人的理解。有了这份理解，我们就能够了解思利及人价值观的3个原则。全书的第一部分"思利及人"，构成了全书的理论基石。

决定一个人是否能有所成就，取决于他的价值观。这个价值观决定了他做人做事的基本原则，这个基本原则决定了他面对变化的世界所采取的各种行为，这个行为决定了他一生的成就。

生活要有意义，生命才有动力。这个意义越大，动力就会越大。怎么让生活更有意义呢？第二部分从"造福社会"引出"使命"、"借力"和"创新"3个法则，为你带来观念和行为指南。

立人先立己。"自律"、"专心"、"诚信"，这是立己的3个关键法则。为什么要做，又如何做到？这是第三部分"务实诚信"要分享的内容。

如何在一生中持续地获得成功？解决了这个问题，生命才最有意义。第四部分"永远创业"将从"学习"、"平衡"、"系统"3个法则来分享我的体会和感悟。

我只是一个普普通通的人，这些分享都来自我的亲身经历和思考。这些年来，我和很多人相互交流和分享，大家听了以后都觉得这些思考与做法值得借鉴，很有收获。我相信，这本书也会给你带来有益的思考和具体的启发。

我们生活在一个客观的世界，尽管这个世界每时每刻都在变化，但是，在世界变化的背后，有着不以人们主观意志为转移的客观规律。因为客观，这个规律力大无比、不可抗拒，这个规律又无处不在、无所不及。这个规律需要我们用实践来体验，凭智慧来运用。这种运用会给我们带来力量。9个法则就是思利及人的客观规律性的力量表现，借助这个力量，就能成就你的一生。

让我们一同走进生活，了解规律，找寻力量，把握成就人生的9个法则。

第一部分
思利及人

记得在我小时候,家里就一直挂着一幅字幅,上面写的全是格言联。

"至乐莫若读书,至要莫若教子……修身岂为名传世,作事惟思利及人……"

这幅字幅的背后是有一段故事的。

有一次,我父亲在台湾遇见了一位专门研究字画的老人,两人一见如故,临走时,老人把自己珍藏多年的一幅字幅赠给了我父亲。字幅中的"修身岂为名传世,作事惟思利及人"让我父亲深有感触,他认为"作事惟思利及人"这句话与家族的处世经商之道非常契合,因此便将"思利及人"4个字单独装裱起来挂在了办公室,并把它作为为人处世的基本原则,也以此来教育我们。

随着人生阅历的增长，我对这4个字的理解越来越深刻。

"修身岂为名传世，作事惟思利及人"这句话最早出现在唐朝，从颜真卿的《争座位帖》中集字而成。

"修身岂为名传世，作事惟思利及人"虽朴质简洁，却把人生的道理说得很透彻。我的理解是：人生难得，提高自身道德修养难道仅仅是为了传名于世？徒有虚名不如做点儿实事，做事就必须"思利及人"。

人活着究竟为了什么？这是每个人都要思考的首要问题。

名传世为虚，做实事为实，人生的价值体现在你所做的事情上。因此，能不能将事情做成、做好、做大、做久，成就一番事业，对社会做出贡献，就成为人生的重点，成为人生追求的终极目标。

"作事惟思利及人"这句话有两层意思，第一层意思说明了思利及人的目的——为什么要思利及人？就是为了做好事情。第二层意思说明了"思利及人"的效果——只要将"利及人"思考清楚了，做到位了，事情就一定能够做到、做好、做大、做久。

思利及人究竟是什么？为什么会有这样神奇的作用？简单的词语中蕴含着怎样的规律和能量？

什么是"思利及人"?

"万事皆为利来,皆为利往","思利"是人们做事的原因和动力,是人们普遍存在的客观需求。

什么是"利"?除了通常所指的金钱、物品,"利"包含的内容还有很多:它可以是物质的,也可以是精神的;可以是显性的,也可以是隐性的;可以是当下具体的,也可以是具有未来意义的。

但问题的关键是,我们怎么从"思利"走到"得利"?

"作事惟思利及人"一语道明:"利"从"人"中来,只有"利"及"人"才能事办成,才能劳有获,才能利有果。

"思利及人"的丰富和神奇,全在这个"人"字上。

简单来看,"利及人"指利及"他人",而把自己排斥在外,但这样不仅忽略了"我"的主观能动性,难以持续发展,也不符合整体看世界的观念。

在我看来,"思利及人"强调要"惠及"更多的人——从你、我、他到我们,从个人到集体,从小家到大家,从群体到社会。思利及人,不是只考虑某个人或某群人的利益,而是站在发展的角度,考虑整体的利益。

更进一步来说,这个"人"字里面还蕴含一层意思——

"人性"。"思利及人"强调以人为大、以人为本、以人性为重，满足人性的共同需求——重视人的价值、尊重人的感受、发挥人的潜能。这是人类的本性，也是人类的共性。

换句话说，就是"利"所涉"及"的人越多，"我们"的力量就会越大，"我们"的事情就会做得越好，"我们"的收获也就越多。这里的"我们"，主要是指整体，也就是我们大家。

如果要简单概括"思利及人"的意思，那就是：做事先思考如何有利于我们大家。

如何做到思利及人？

在做事之前，思考的次序不同，身处的境界不同，关注的对象不同，做事的结果则大不相同。

你如果想做一件事情，首先要让自己站在更高的位置思考：这件事情涉及哪些人？这件事情给他们带来的共同利益是什么？经得起时间的考验吗？能够持续做下去吗？

有了这个思考，你会很兴奋，但这还只是你自己的想法。这个想法能够真实地代表我们中的其他人吗？他们是谁？他们现在的具体情形怎样？他们真的需要这样做吗？

紧接着的问题是：这个想法是否会得到大家的认同？其他

人会认为这个想法真的与他们有关吗？他们真的会感受和认同这件事情将给他们带来好处吗？他们会参与其中吗？

　　由于受到家族观念的熏陶，我感悟到要做到思利及人，需要依次做到使用直升机思维、换位思考和关注对方的感受。

　　从直升机思维到换位思考，再到关注对方的感受，完整地体现了思利及人的意思和意境，具体地反映出思利及人的实践步骤，清晰地明确了思利及人的掌握重点，通俗地提供了思利及人的行为方法。

　　让我们从直升机思维开始，看看具体怎么做。

要素 1

直升机思维

我喜欢滑雪运动。有的滑雪场可以乘坐缆车上去，那里有固定的滑道；有的滑雪场可以乘坐直升机到任何一个山头，随意往下滑。后者更具挑战性，也更刺激。我对第一次乘坐直升机上山的感觉印象深刻：坐在直升机上俯瞰整个滑雪场，一条条雪道从山顶上蜿蜒直下，尽收眼底。在直升机上，视野很开阔，眼前豁然开朗，平时的恐高症也消失了，好像到了另外一个世界。

坐在直升机上的观察，让我对滑雪场的地形有了全面的了解，即使没有固定的滑道，我也有了充分的把握。

坐在直升机上看到的景象和站在平地上看到的景象完全不一样，心情和信心也完全不一样。这种感觉给了我很大的启发。

世界还是那个世界，因为角度不同、位置不同，感觉和视野就会不同，由此带来的心态和方法也不同，得到的结果就会不同。不知不觉中，你所感觉和得到的世界已经不同了。

与乘坐直升机的感觉一样，当你看事物的位置升高了，你的视野会开阔起来，你看到的内容会增多，看到的边界会增大，整个事情的轮廓及其与周围事情的相互关联也会尽收眼底、一目了然。原先那些挡住视线的巴掌大的山变成了小小的斑点。

你会感觉事情由大变小，由繁变简，由浊变清，由难变易；你会感觉身边很多人由单一变得丰满，由陌生变得亲切，由让人不满变得可爱。当你内心的境界和格局都变大时，你想到的做事方法随之增多，你的信心随之增加，成功的概率也会随之增大。

在现实中，当你将停留在"我"的角度或层面所进行的思考，提升和放大到"我们"的角度或层面时，你就在经历这样的过程，就会产生这样的感觉。

我形象地把这种从"我"到"我们"的思维方式叫作"直升机思维"，用它来超越自我和现在，跨过边界和围墙。

直升机，不容易

人们想做一件事情的时候，总是习惯从"我"开始："我"有什么？"我"要什么？"我"缺什么？"我"能做什么？

从"我"开始，会引发什么结果？

"我"有什么，会让我们不敢做大事，因为"我"有的毕竟有限。

"我"要什么，会让我们陷入孤独和尴尬，因为"我"要的与他人没有关系。

"我"缺什么，会让我们做事缩手缩脚，不敢做，甚至不敢想，因为"缺"的理由非常充分。

"我"能做什么，会局限我们思维的空间，因为在"我们"的格局里，"我"的空间最小。穷尽自己所有的经验、智慧、资源和能力所实现的事情一定是最小的。

惯性思维的结果就是这样：能看到自己，但看不到我们；能看到眼前，但看不到发展；能看到问题的局部，但看不到问题的全部；能看到事情的表面，但看不到事情之间更多的关联和影响；能看到当下静止的状态，但看不到动态的变化。这个

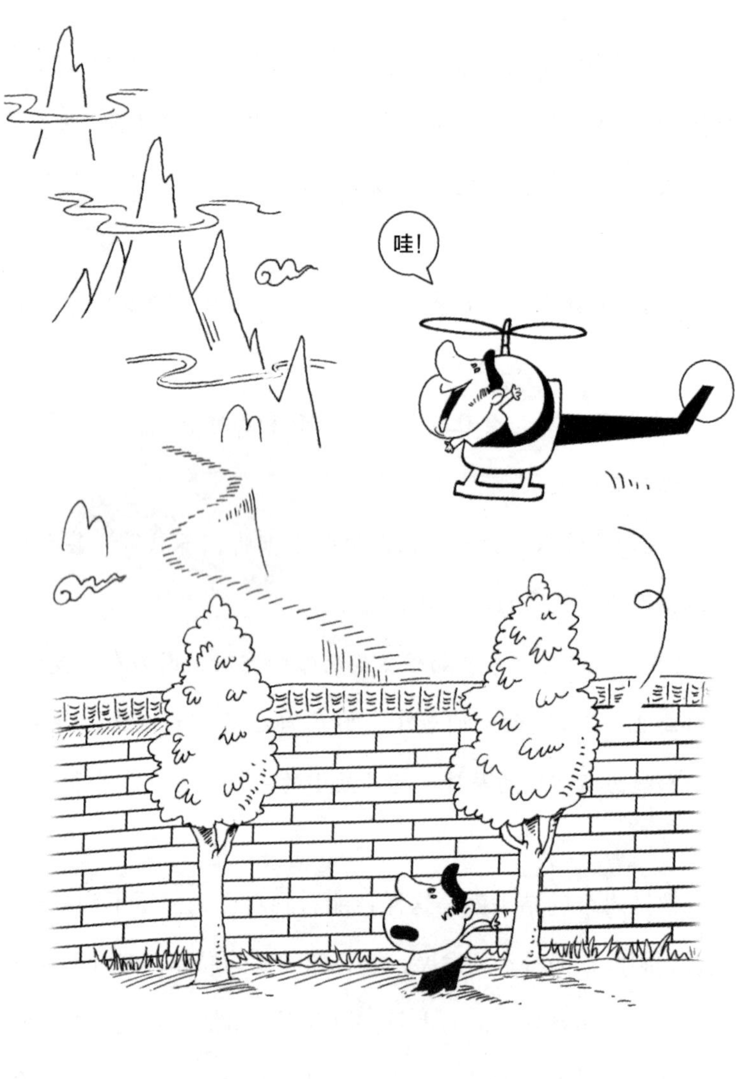
哇!

结果会使你以偏概全，思想僵化，做不好事情，甚至不敢做事情。

这种习惯缺少对"我们"的考虑，忽略了"我们"的作用。

这种思维空间的局限还会影响我们的心情，弄坏我们的情绪，让快乐远离我们。

怎么改变这种状况呢？

从广度上想，不仅要找到对自己最有利的解决办法，还要找到对他人最有利的办法；不仅要想"我"，更要想"我们"。

从深度上想，不仅要想到今天的"我们"，还要想想明天的"我们"；不仅要找到对今天有意义的解决办法，还要找到对明天、后天都有意义的解决办法。

怎么才能做到这些？最简单的解决之道是什么？

"我们" > "我"

"我们"是谁？

"我们"与"我"有什么不同？

为什么"我们大于我"？

"大"在哪里？

"我们大于我"的好处是什么？

这一系列问题，就像一位好导游，帮我们在密林里找出前行的路径。

"我们"指的是包括自己在内的一群人。这群人通常有着共同需求和共同目标，相互有着某些联系。

一旦从"我"走进了"我们"，范围就大了，考虑的人数就多了，涉及的方面就广了，事情的大小、影响、投入的资源随之大了，做事情的责任也大了。因为是"我们"，参与事情的人员多了，你能够借用的资源大了，事情的价值和收获也都会大起来。

一旦从"我"走进了"我们"，思考的内容也会很不一样。

在家庭关系上，结婚前的"我们"是父母和兄弟姐妹；结婚后的"我们"是两个家庭的所有人，以及自己的伴侣和孩子。从"我"的思考到"我们"家人的思考，再到婚后大家庭的思考，范围不一样，责任有大小，事情会完全不同。难怪人们常说，结婚能够让一个人迅速成熟起来。

最大的"我们"不只是全人类，而应该是天下。所谓天下，按照中国的整体观而言，除了人类，还包括天地环境和自然万物。

思考的范围仅限于个人，中国的传统称之为"小人"；思考的范围放大到天下，这才是"君子"。中国的文化希望每个人都做君子，不做小人。

把思考的焦点和范围放大到"我们"的好处有很多："我们"能够创造出远大于"我"的价值；"我们"聚集的智慧和凝结的能量会远远超过"我"；因为"我们"远比"我"的意义大，"我们"的事业会给"我"极大的决心、毅力、鼓舞和支持。

有个朋友跟我分享了他与孩子沟通如何养成随手关灯习惯的经验。他告诉我，如果仅从随手关灯能够节省钱的角度来沟通，孩子不会上心；而从环保、节省我们地球上的能源消耗的角度来讨论，孩子留下的印象要深得多，达到的效果也要好很多。

从这个事例中我们可以清楚地看到，如果把"我"放到"我们"的位置去想，可以很好地弥补"我"的局限，看到更多的意义，得到的效果要好很多。

"我们"＞"我"，是一个简单形象的比喻。它提醒我们，与"我"相比，"我们"的意义更大，"我们"的内涵更多，"我们"的外延更宽，"我们"一起能够做到的事情远远超越"我"的能力范围。它提醒我们，"我们"比"我"更为重要，在思考的任何时候，都要想到"我们"，而非只是"我"。

与"我们"有关

在生活中，你是否经常听到这样的声音：

"为什么发生了这么大的事情，却没有人告诉我？"
"行程改变了，怎么没有人告诉我？"

每当提出这样的疑问时，为什么提问的人都是理直气壮、一脸责怪他人的神色？你是否知道，这种抱怨就是一种没有"我们"＞"我"的观念的表现，事实上也是对自己不负责任的表现。

假如有了"我们"＞"我"的观念,你就会意识到这是一件"我们"的事情,其中的任何环节,哪怕不是"我"实际负责的,也都和"我"有关系,因为一件事情的成功完成与所有环节都有关,你当然有责任去关注、主动去了解,而不是被动地等待他人来告诉你。

当然,也的确存在"自己完全无辜"的情况。但是,从积极、主动、正面的角度来看,把自己放在检审的范围之内是一种明智的态度和方法。

"你好好地检讨一下,为什么这件事情没有做好?你的责任在哪里?"经常有人这样指责下属或他人。这样的沟通,给人的感觉是错误全在下属或他人身上,这也是没有"我们"的概念造成的。因为没有"我们",所以你认为错误是孤立产生的,与你没有丝毫关系。这种看法不仅与事实不符,也会让对方心生抗拒。作为上司,应该是"我们"中的重要一员,任何事故都与上司有关。如果上司能够这样说:"这件事情没做好,我负主要责任,我们来讨论一下,这件事情给我们什么启示和教训,下一次我们怎么能够做好它?"我相信,这个"我们"会越干越想干,越干越能干,越干成就感越多。

很多人将事情没有做好都归因于他人的失误和不检,全然不对自己进行内查和检审，浑然不觉自己的失责，更没有留下在下一次处理同类事情时怎样发挥自己作用的提醒。这就是没有"我们">"我"的观念的结果。

"我们">"我"带来的是一种全面思考问题的方法，一种整体把握事情的能力。在看待问题的时候，你如果能够从"我"上升到"我们"，从局部上升到全局，视野更加开阔，更清楚为什么要做这件事情，就更容易把事情做好，这就好比思维"坐上了直升机"。

轮流做主持人

多年来，我们都会定期召开家族委员会会议。这个委员会是为了家族能够得以延续、企业得以持续发展而搭建的平台。我们一直通过这个平台研究家族宪法，研究如何从制度上让百年企业越走越精神。

家族也能够开会？而且开会的次数是每年举行4次，每次持续3天？这个会议机制是怎么形成的？怎么让这样的会议平台变得生动有趣、值得期待？

影响这一切的关键是主持人。

每次会议都要有一个人来担任主持人，他要对整个会议负责,不仅负责会前策划、会中执行、会后落实,也要兼顾与会者的情绪和感受,这项工作是有足够挑战性的。在搭建这个平台的开始阶段,我连续做了4次主持人,效果不错,得到家族成员的认可。

渐渐地,我又发现,如果一直由一个人做主持人也是有问题的。比如,主持风格单一、个人精力有限等,而且家族会议要持续进行下去,仅有一个主持人是不够的。

怎么培养更多的主持人呢?

这个意义非同小可,事关家族委员会能否在家族延续和企业发展的过程中持续发挥更好的作用。

能不能"坐上直升机"来思考这个问题?能不能站在"我们"的角度来思考这个问题?

能!我的方法是,让家族委员会的核心成员轮流做主持人。

我的建议得到了家族委员会的采纳,效果很好,沿用至今。

每一次会议都由不同的成员来主持,每次会议结束时,主持人都要带大家选出下一届会议的主持人,并担任新主持人的"教练",帮助新主持人做好必要的准备工作。同时,在每一次会议之后,由所有参会者对此次会议和主持人进行评分,点评主持人的成功之处与需要改善的地方。

就是这样一个变化，让大家走出自我的层面，站在"我们"的角度，从会议的效果出发，积极配合，相互理解，认真投入。这是一个从"我"到"我们"的过程。这个经历对每个成员都有很大的提升，让大家都习惯在"我们"的层面上思考问题。

一体化

"我们">"我"这种全面看问题的角度，让你在做事的过程中看到人与人之间的联系，并且重视这种联系对你的影响。

生活中有很多种关系，它们各不相同，但是又互相关联。这些关系相互作用、互相影响、相互依存，你中有我、我中有你，形成了一个整体，有人称其为利益共同体。

比如，自己和他人、丈夫和妻子、家长和孩子、销售员和顾客、上司和下属、市长与市民等，都是一个相互关联的整体。在这个整体中，各个要素互为依存、缺一不可，形成一个利益共同体。

在利益共同体中，一方的得失总是与另一方的得失紧紧相连。因此，做任何事情都需要从整体考虑。

将彼此视为同一个整体去考虑，是一个很有意义的做法。在这个整体中，大家都没有收获是所有人都不愿意看到的，大家也不愿意看到你赢我输、我赢你输的情况。因为这种短期的效果，会由于其中一方的利益没有实现而最终损害这个整体。

有句话是，"大家好才是真的好"。"大家好"实际上就是整体共赢的结果，"大家好"才能够保持"可持续"的环境和条件，才是彼此共同、持续且唯一的需要。

站在企业的角度，整体中的两个主体是企业与顾客。企业要发展就要满足顾客的需求，顾客日益增长的需求也需要企业不断生产出好的产品。因此，企业要永远站在顾客的角度思考顾客的需求是什么，要怎么去很好地满足这个需求；而顾客也需要企业持续发展，以保证自身需求的满足。

这种互为依存、彼此关联、相互影响的关系，我们可以形象地称为"一体化"。

因为"一体化"，大家拥有共同的利益，也拥有共同的责任。落实到我们做事上，就是要从"一体化"中所有成员的角度出发，从"我们"＞"我"的视角来决定哪件事情做或不做，以及怎么去做的问题。这样就可以综合各方面的意见，既照顾了整体的感受，又可以让事情得到圆满解决。

"我们"＞"我"这样一种从全局角度把握问题的思维，使我们看得更宽阔，好像吸收了很多能量，一下子有了做好事情的信心。

"一体化"充分体现了"我们"的实际需要，但在"一体化"的过程中，有一个"信任"的问题，发挥着重要的作用。

信任是"我们"的基石

在现代社会，信任非常重要。因为信任直接影响着"我们"的构成和质量，直接影响着做事的成本和效果。

在"我们"＞"我"的直升机思维中，"信任"是非常重要的一环。

"防人之心不可无"的观念已在人们的大脑中深度扎根，现代社会各种急功近利的事件层出不穷，这大大损坏了人们之间的相互信任。人们常常先怀疑，再非常艰难地去相信。

不能轻易地信任、更不能先信任他人的惯性思维，已经成为这个时代的一剂毒药，严重阻碍着时代的发展。

人是生活在社会中的，人必须与社会发生关系，建立这个关系的基础不是别的因素，而是信任。在"我们"的构成中，信任更是非常重要的因素。

没有信任，就没有黏合"我们"的基础；没有信任，大家就会对"我们"的事情欠缺投入，对选择模棱两可，对结果降低标准，对"我们"失去信心，最后放弃共同目标的达成。

没有信任，就没有团队成员之间的优势互补、协同增效，也就没有了"1+1=11"的奇迹发生；没有了信任，就没有融洽、没有快乐、没有默契，不能借力、不敢借力，也就没有效益。

信任不仅仅是一种生活态度，更是一种智慧。信任是人与人交往的基石，是组成"我们"的基石。那么，信任是什么？

信任就是你相信他人的言行举止是好意的。这种相信表现出你的内心对他人的重视和尊重，这种重视和尊重改善着你和他人之间的关系，改善着"我们"的关系。这种关系直接影响"我们"之间的沟通成本和合作效能，进而影响整个社会发展的成本。

那么，如何才能建立信任？

● **先信任他人**

信任是人与人交往的基石，是黏合"我们"的胶水。

信任是相互的。你信任他，可他不信任你，或他信任你，你却不信任他。这时，信任就很难被建立起来。怎样建立信任？谁先迈出第一步？是从"我"开始，还是等着对方先信任

"我"？站在"我们"的角度来看，你应该抱有怎样的态度？

我的体会是：先信任他人。这是站在"我们"的角度采取的积极主动的举措，也是行之有效的策略。

也许你会说："这样做有风险。"

是的，先信任他人是有风险的。但是，你是否想到，不信任他人所带来的风险会更大？

记得在美国读高中的时候，我寄宿在学校里，总会将家里给的生活费藏在柜子的某个角落。有一天，我发现钱不见了。当时一个宿舍住4个人，我和其他两位同学都怀疑是另一位同学偷的，于是我们3个人一起质问他，他坚持说没有偷，可我们就是不相信，还和他打了起来。后来我也淡忘了这件事。有一天，我在收拾东西的时候发现那些钱就塞在其中一件衣服的口袋里。那一刻我呆住了，原来我错怪了他……

这件事情给了我深刻的教训，在以后的人生中，它时刻警醒着我：不能用怀疑先下结论，信任非常重要。

刚开始的时候，你对他人信任的程度可能会小一点儿，渐渐地，了解多了一点儿，信任的程度也会随之增多。

这里要强调的是，无论信任程度有多少，你都要先信任他人，再根据具体情况具体分析，选择信任他人的程度。

当然，你可能会因为先信任他人而承担风险，但千万不能

"一朝被蛇咬，十年怕井绳"。尽管你曾经"被蛇咬"，但仍然要坚持先付出信任，要相信前车之鉴会使你逐渐成熟起来，让你更好地把握信任他人的尺度。

有人会问，为什么我们会担心信任有潜在的风险？

很多时候只是因为我们对别人不了解，或者不喜欢。其实，不喜欢恰恰是因为了解得太少。

不了解就容易误解，更可怕的是，遇事总从怀疑开始和从坏的出发点先入为主地下判断。

有没有一些方法能够帮助我们跨越信任的障碍，与人愉快地交往呢？

● 了解可以增进信任

一段有趣的对话可能会给我们一点点启发。

甲："我不相信那个人。"

乙："为什么？"

甲："我不喜欢他。"

乙："可你根本就不认识他。"

甲："这就是我不喜欢他的原因。"

很多时候，不喜欢一个人的原因仅仅是我们根本不认识他。你对一个人越了解，发现双方的共同点越多，你就会越认同这个人，信任感自然就产生了。了解就像催化剂，有了它，信任在两人之间就会产生化学反应，其结果是感觉熟悉、感受亲切，迅速产生信任因子。了解得越多，信任的感觉和程度就越多。设法增加他人对你的了解，就会增加他对你的信任，也会增加你对他人的信任。任何增加了解的行动和措施都是在增加信任、营造信任，也是在建设着"我们"。

每次有新同事加入，都会有一个熟悉的环节。召集团队每位成员，让新同事主动介绍3条关于自己的主要信息，让团队成员每人问3条自己想知道的新同事的信息，做完一轮，权力倒转，让新同事向每位老成员问1~3个问题。让大家在最短的时间内熟悉彼此，感觉非常亲切。

利用每次团队成员聚集在一起的机会，适当地加入一个"无主题分享"的环节，让成员分享近期工作以外的信息，也是营造信任氛围的有效手段。

从信任的基石开始，从"我"走进"我们"，认识"我们"，信任"我们"。直升机思维带给我们的是：打开心胸、拓宽视野、提升境界、放大格局。

让自己更快乐

生命很宝贵,短暂且只有一次。在人生中,保持微笑、内心充满快乐是非常必要的。

快乐如同空气、水和阳光,已成为我们生活中不可缺少的元素。

怎么保持微笑,充满快乐?快乐是什么?怎么才能让自己快乐起来?

快乐不是一个具象的物质,而是一种非常主观、非常感性的感觉。快乐与物质无关,与精神有关;快乐与事实无关,与视角有关。

快乐就是一种视角,透过世界万物的表面,让我们获得一份开心、明亮、温暖的感受,获得一份"爽"的感受。

思维的视野会影响这个视角。从"我"的层面上升到"我们"的范围,让思维坐上直升机,你就会自然而然地找到这个视角,发现快乐,收获快乐,感受到"爽"。

● 爽

我喜欢将开心、快乐的状态称为"爽"。追求"爽"是人性的本能,快乐的人更容易成功。

其实,"爽"还具有很强的能量。让我们回想一下自己曾经拥有的"爽"的状态。

当你开心的时候,做事是否会感觉更轻松、更有动力和创意?对待别人是否会更加友善可亲,甚至幽默风趣?面对困难是否也会更加乐观积极,发现很多新的解决办法,甚至感觉自己拥有无穷的力量和激情?

为什么会这样?

科学研究发现,"爽"是一种成功的催化剂。

人在开心的状态下,细胞运动会更加活跃,血液流动也会特别顺畅,体内会分泌一种使人兴奋的物质。此时,人会更加积极乐观、开放包容,并表现在待人处事的各个方面。在这样的状态下,人更容易释放自己的潜能,做事效率会比坏情绪时高很多,自然会收获更多的快乐。

研究同样发现,人在快乐状态下更容易树立目标,也更愿意通过不断的努力去获取成功。

因为开心快乐的人经常保持积极的心态,面对生活和事业会更加自信、乐观,充满活力。在与人交往方面,也因为你的这份快乐,对方更容易理解和接受你,从而营造一种和谐的氛围。当大家都处在这样一种快乐的环境中,相互激励、相互体谅时,"爽"的程度就更高,由快乐催化出的成功就更顺利。

同时,"爽"的状态带来更有效益的成果和成就,后者反过来又增加"爽"的感受,形成一个正向的循环,让人的整个生命旅程都保持在一种开心快乐的状态中。

更有研究表明,积极乐观的人容易快乐,容易"爽"。这样的人更长寿。

怎么才能帮助我们进入"爽"的状态?

● **直升机让你更快乐**

小王抱着要进入前三名的目标参加一场运动会,可结果只获得了第八名。面对这样的结果,小王会怎么想呢?

如果他想,糟糕,我失败了!我让人瞧不起了。没有得到奖牌,意味着比赛彻底失败,也意味着我的人生走进了死胡同。于是,他灰心丧气,内心充满痛苦。

如果他想,我终于跑下来了!虽然没有拿到奖牌,但是我的参与体现了运动会注重身心健康、锻炼体魄、团队精神的真正意义,也反映出我的积极状态。拿到奖牌很重要,但比奖牌更重要的是体育精神和意义。今天的运动会很成功,其他运动员的奖牌中也有我的一份贡献。能参加这样的运动会让我感觉很开心。

如果他进一步想,在今天的实战中我都学到了什么?我有哪些提高？我在哪些地方还需要加强训练？我对团队的贡献是什么？我的这个经验会对谁有帮助？为了下一次运动会，我要做些什么？未来我……

有了这样的思考，他的内心便不再感到沮丧，并且涌出很多行动计划，充满激情，更有动力。对他而言，收获的是实践中的经历和体验，感受的是内心的成长和快乐。

同样的比赛结果，同样的客观信息，但两种截然不同的视角和解读导致两种截然不同的感受：一个是失败，一个是机遇；一个是让人失去动力和激情，一个是增加人的动力和信心；一个是让人沮丧，一个是让人快乐。

两者的差别就在于有没有"直升机思维"。

事实就是这样，快乐不是由我们的社会地位和银行存款决定的，而是由我们的精神状态决定的；快乐不是由客观事实的状态决定的，而是由我们思维的位置决定的。

站高些、望远点儿，用"直升机思维"来看待一切，你就会快乐。即使你觉得不快乐，也可以通过"直升机思维"找到快乐。

世界是客观的，但是人们看世界的角度是可以调整的。有趣的是，当你调整了角度之后，你眼前的世界变了，你身处的世界也会随之改变。

"直升机思维"就是这样一种思维方法，它能帮助你提高看世界的位置，让你开心快乐。有些困扰你的事情看起来很严重，让你不知所措，但如果你用"直升机思维"去思考，你的视野会开阔，你的办法会增多，你会发现，这件似乎天大的事情其实很小。

从局部出发，你会感觉束手无策，觉得困难；从整体出发，你会发现这是一次极好的机会。从现在的角度看，你看到的是资源的占用和收获很小的结果；从未来的角度看，你看到的是无限的意义和深远的影响。

比如，在谈判中很多人为了多得一点点，总是费尽心机，你争我夺，绞尽脑汁，争得脸红脖子粗，双方都非常不快。表面上看，谈判双方是对手，谈判的过程存在竞争性。但是，双方如果只是在竞争的层面进行谈判，只关注眼前利益的得失，这个谈判就会很辛苦、很痛苦，甚至会徒劳无功。

大家如果试着用"直升机思维"就会注意到：双方各有尚未满足的需要；双方虽然有分歧，但也存在共同利益；双方都有解决问题和消除分歧的愿望，并愿意采取行动达成协议；双方完全可以互利互惠达成双赢。认识到这一点，谈判就能顺利进行，双方都会有所收获，谈判的过程也会很快乐。

快乐源于人的主观意识，阻碍人快乐的陷阱也来自人的主观意识。"一根筋"的单向视角不是将局部放大，就是将视野缩小，或者干脆就是主观虚构。这些思维方式产生非此即彼的表层判断，成为成功的绊脚石，也让快乐远离我们。

　　庆幸的是，"直升机思维"可以带你走出陷阱，让你享受快乐的状态，感受"爽"的生活。

　　"直升机思维"的高度越高，"爽"的程度就越高。就像快乐没有顶点一样，直升机的高度也没有限制。飞得越高，快乐感越强烈。

要素 2

换位思考

近年来，国内很多城市都开展过交警与出租车司机交换岗位的活动。让交警当一天出租车司机，让出租车司机当一天交警，然后聚在一起，分享体验、交换感受。结果，交警发现出租车司机的工作非常辛苦，难找厕所难吃饭，辛辛苦苦不多赚；出租车司机也看到交警其实并不风光，风吹日晒晚下班。通过换岗体验，双方都切身体会到了对方的难处，纷纷表示今后要多替对方着想，共同改进工作，进一步融洽警民关系。

越来越多的人认识到，世界上很多问题产生的根源就是缺乏"换位思考"。多一些换位思考，就会让这个世界多一些和谐。

换位思考的最大好处，是能够帮你学会理解他人。

什么是换位思考

换位思考，就是把自己假想成对方，站在他的角度、置身他的位置、定位他的立场、扮演他的角色来思考问题。

这就好像玩一种"互换身份"的游戏，穿过人与人之间的藩篱，走进他人的思想里，想一想他是谁，他是怎么想的，他为什么会这么想，他喜欢什么，他有哪些需求、哪些渴望、哪些梦想，他为什么会开心，又为什么会生气、会伤心……

换位思考的游戏可以用"假如我是……"的句型来实践：

面对孩子的好奇心："假如我是孩子，会怎样看待这件事？"

面对市场销售："假如我是顾客，会喜欢什么？"

面对学生听课："假如我是学生，想听些什么？"

在"玩"的过程中，你会发现，生活中人与人之间的关系立刻发生了戏剧性变化。这种变化很有意思，也很有意义。它会让你主动给予他人更多的理解和宽容，也让你的人际关系变得更和谐。

换位思考还能让你跳出自己所在的层面，置身更大的空间，站在不同的角度进行思考，包括我与你、你与他、我与我们之间的各种关系。

比如，从你个人角度，换位成你所在的家庭、群体、行业，甚至你所在的国家和民族、你所处的时代和社会……这种换位的难度更大一些，但是通过换位你得到的会更多一些。它会放大你的心胸，开阔你的视野，就像"鱼跃龙门"，让你走出自己的局限，获得更多的空间，拥有更大的舞台。

在现实中，很多问题产生的根本原因就是没有"换位思考"。

换位思考不容易

换位思考作为一种思维方式,是从尊重人的角度出发的。但在生活中,换位思考并不是一件容易的事情。因为:

阻碍换位思考的不是别人,恰恰是我们自己。

试着问问自己:

当与孩子对话时,我们是否能够站在孩子的角度、立场,以孩子的角色来和他交谈?

当遇到顾客投诉时,我们是否会理解他的感受,心平气和地去了解他抱怨的原因?

当听到不一致的声音甚至是批评的话语时,我们是否乐意先接受下来?

……

进一步问问自己:

当与孩子对话时,有多少次我们能认真倾听孩子的心声?

因为我们没有真正去了解，孩子有多少宝贵的好奇心被我们无情地挫伤了？因此，"大人的忠告"得不到孩子的认同一点儿也不奇怪。

当遇到顾客投诉时，我们是否也感觉到顾客的焦虑和恼火呢？因为我们不了解困扰顾客的真正原因，也就不能为顾客排忧解难、消除抱怨。

当听到不同的声音时，我们会有一种兴奋的感觉吗？我们会感觉到这里一定存在好建议或好提醒吗？有多少建议和启发走进了我们的脑子里？

……

你是否已经感觉到换位思考不容易了？

换位思考说起来容易做起来难！为什么？

"我"有局限

有一个经典的故事叫作"盲人摸象"。

一位国王找来4个盲人摸一头大象，想听听他们是怎么描述大象的。国王让4个盲人站在不同的位置去摸，然后讲出大象的样子。没过多久，摸到象腿的盲人兴奋地叫了起来："我知道大象长什么样了,它就像一棵树。"摸到象尾巴的盲人马上说:"不对,不对,大象长得像一根绳子。"摸到象鼻子的盲人说:"才不是呢,大象长得像一根水管。"摸到象耳朵的人跳了起来,喊道:"你们都说错了,大象长得像一把大扇子。"此时,在一旁观看的人不禁大笑起来。

● **局限源于盲点**

纷繁复杂的现实世界,就像故事中的那头大象。我们虽然睁着两只眼睛,仍然像故事中的盲人一样,只能看到大象的一部分。那些我们没有看到的地方,就是我们的盲点。

盲点,让我们的生活充满风险,也影响了我们一生所能取得的成就。

由于我们见识有限、经历有限、知识有限,看事情的角度也有限,在处理事情时,我们总有很多不知道的,也有很多想不到的。我们却常常像故事中的盲人一样,兴奋地以为自己看到的就是事实的全部。

在常人看来,如果谁认为大象是一棵树,那的确是个天大的笑话。可是,对于只是摸到象腿的盲人来说,大象就是一棵树。在他看来,那些认为大象是一把扇子的人才是可笑的。

我们的视角和视野以及我们的阅历和知识,相对于浩瀚博大的世界而言都是沧海一粟,我们所看到的都只是其中的一部分。而且,这一部分中还有很多印象来自我们的主观判断。我们看到的这部分与他人看到的是截然不同的,尽管大家都在做同一件事情,或身处同一个环境中。

还有一个事实也可以说明这一点,我们对自己的看法与他人眼中的我们往往不同。

习惯上的不同标准和不同角度,最后造成了我们习惯性的盲点。

每个人的身上都存在很多盲点,这些盲点影响了我们对客观世界的了解和把握,阻碍了我们正确地看待和解决问题的思路。

● 怎样克服盲点

世界永恒变化，新的情况不断涌现，而我们的时间、精力、智慧都有限，要想去除所有盲点，成为全知全能的人，是完全不可能的事情。

世上有很多事情没有绝对的对与错，只是时间、边界、框架和立场的不同。你站的位置不同，看事情的角度不同，界定事情的框架和边界不同，对事情的理解就不一样，呈现在你眼中的事情也大不相同。这也应合了"横看成岭侧成峰，远近高低各不同"的意境。

基于这样的认识，对待盲点的态度就变得非常重要。

在做每件事情时，你都要意识到自己身上一定有盲点。

因为意识到了，你就会想方设法地拥抱各种不同的声音，汲取各种意见和建议，站在整体的角度思考、汇集，并通过不断学习和积累来减少自己的盲点。

有没有办法让故事中的4位盲人都能完整地认识大象？让他们在心底里也有一张真实的大象的画像？

4位盲人如果能站在他人的角度去思考，相信并接受他人的看法，站在整体的角度将各种信息拼接起来，把各自对大象的感觉汇集在一起，结果就会完全不同。认识更全面，盲点消除了，大象在盲人的心里"完整"了，感觉与真实的大象几乎一样。

对待任何事情，都需要横着看一看，竖着看一看，多一些角度，多一些声音，这样就会少一些盲点，增加自己对事情的整体把握。

找出这个方法，也能够让我们现实中的"盲点"大大减少，能够完整、真实地认知美好的生活。

明白"我"有局限，是一件很有意义的事情。这是换位思考的前提，也是智慧的开始。

记住"我"的局限，你就会聆听他人的声音，了解事情的真相，把握问题的本质。

走出"我"的局限，你就会换位思考，宽容、大度，赢得他人的理解、信任与支持。

突破"我"的局限，你就能注重学习、减少盲点。

局限一旦被突破，就等于打开了一个广阔的空间，你会发现更多的机会，得到更多的收获。

站在对方的角度思考

走出"我"的局限，可以站在对方的角度思考问题，实践换位思考。

● 假如我是……

站在对方的角度思考,指的是在交往的过程中,设想"假如我是对方,会怎么样"。这时,你首先要明确几个问题:

他是谁?
他有什么需求?
他会怎么做?

畅想一下,如果在生活或工作中,你都能站在他人的角度思考问题,那会产生怎样美妙的效果。

让孩子站在父母的角度思考:"假如我有了孩子,我希望这个孩子长大之后做什么?"

这种思考会给孩子带来责任心,会让孩子的内心迅速长大。

让大人站在孩子的角度思考:"世界太奇妙了,我很想知道苹果为什么会掉在地上,小鸟为什么会飞……"

这是孩子追求进步、敏学好问的表现，也是孩子成长的必然过程。认同了这一点，大人会非常珍惜孩子每个既天真又奇怪的问题。

让外出的丈夫站在家中妻子的角度思考："他经常出差，我们在一起的时间很少，非常想他能够陪在我身边。"

从这种角度出发，丈夫就会格外珍惜和妻子在一起的时光，对妻子的唠叨会多一些理解和包容。

让家中的妻子站在外出丈夫的角度思考："回家了，疲惫的身体和紧绷的神经终于可以松弛下来，能好好地睡一觉了。"

有了这种思考，妻子就会对丈夫多一分关怀和疼爱，少一分猜疑和责怪。

相互换位思考，带来的是什么？孩子的健康成长和父母的成就感；妻子的开心快乐和丈夫的轻松愉快。

站在对方的角度思考，是换位思考常用的方法之一。这种方法简单、有效，符合客观规律，也能让你的视野开阔许多。

站在对方的角度，不仅仅指某个人，也应该包括"我们"

中的所有人。

这是一个多维度的角色换位,与"直升机思维"紧密相关。这种基于"我们"的思考,能帮助我们更加清楚"我们"中的每个人,更加清楚"我们"究竟是谁,"我们"真的想要什么。

我们用两个事例来看,怎样站在对方的角度思考问题。

● 戴上总教练的帽子

在足球比赛中,除了场上的运动员、场边急切关注现场情况的教练,还有一个人或坐在看台上,或坐在电视机旁,不仅关注这场比赛,还要关注下一场比赛。这个人就是总教练。

教练负责日常运动员的训练,以及比赛现场的指导。而总教练会考虑什么问题呢?

总教练不仅会在赛前和教练一起研究如何赢得比赛,更重要的是,他还思考在下一场比赛甚至下一届比赛中如何获得更好的成绩。为此,总教练还需要考虑怎么让教练教得更好。

教练教球员的主要内容,重点在于"怎么做"。

总教练教"教练"的主要内容,重点在于"怎么教"。

总教练的角色决定了其独特的思维模式,让我们"戴上总教练的帽子"来体会换位思考的乐趣。

戴上总教练的帽子,不仅要站在教练的角度思考,还要站在球员的角度思考。不仅站在对方的角度思考，还要站在对方的对方的角度思考。不仅要让对方理解明白，还要让对方学会传播，让接受传播的第三者也能理解。

正如师范院校的教育方针。师范院校除了教育学员，还需要教育学员将来如何去教育他们的学生。

这是一种多维度的换位思考，是一种更高难度的换位思考，也是一种非常有意义的换位思考。这种思考要求你不仅要从"我"换位到"你"，还需要换位到"你"周围的"他"；不仅要从"我"换位到"我们"，还需要换位到明天的"我们"。

做完这件事情有什么影响？有什么意义？能不能持续地做下去？这是戴上总教练的帽子之后才会产生的好问题。想清楚这些问题，事情就成功了一半。

当然，人生中并非每个人都有机会成为总教练，但是，我们可以戴上总教练的帽子，学会像总教练那样思考。

总教练指导教练，那么谁来指导总教练？教导的过程本身就是一个双向的过程，人们在彼此交流的过程中相互启发、互为教练。也就是说，总教练周围的人群都可以成为总教练的教练。

● **让孩子来决定**

每年，我们都会组织全体家族成员外出旅游。每次活动之前，有一件事情是必须做的：活动的组织者会向每位家族成员征求意见，包括活动地点、行程安排、游戏环节等，还特别重视家族中孩子们的意见，甚至有些游戏由他们来做决定。

向孩子们征询意见，虽然只是增加了一个简单的活动环节，但作用很大。一方面，这种做法体现了彼此的平等关系，让孩子们感到受重视，调动了他们参与活动的积极性。另一方面，也有利于大人了解孩子的想法，更容易设计出令人满意的出游计划。而且，来自孩子们的创意对大人来说也是一种很好的思维补充。

我们发现，让孩子做主，他们会更乐于融入活动，家族旅游活动的效果也得到了极大提升。

推广开来，做事情时让相关人员参与做决定，通过决定权的转移获得角色换位的体验，不仅增强了参与感和投入感，提高了支持率，还得到了相互尊重和认同，保证了决策的正确性。

看出发点

看出发点也是换位思考的一种具体方法。

所谓出发点，指的是人们做事的目的。通常，每个人在做任何事情之前都会想：为谁做？为什么做？做成以后的结果是什么？这些内容组成了我们做事的出发点。

不同的出发点决定了事情的成与败，决定了结果的好与坏。

同样的出发点，因为做事的方式方法和做事的环境资源不同，也会造成不同的结果。

同样一个结果，有可能隐藏着不同的出发点。

看他人的时候，我们习惯看行为、看结果，而看自己的时候，却习惯看出发点。

这种习惯性地从不同角度用不同标准看问题的方式，造成了人们相互信任的障碍，造成世上很多的隔阂、矛盾和冲突，甚至引发战争。

"看出发点"就是换位思考的一种方法和实践，这个方法会帮助你走出误区、增进信任。

● **正面看出发点**

"防人之心不可无"的思维定式，使人们总是习惯性地从负面角度看他人的出发点，但通过换位思考，我们要从正面角度看他人的出发点。

扪心自问，你不是一直都在想怎么做好事情吗？

换位思考，大多数人也都想做好事情。

在多数时候，如果我们能够认识到他人行为的背后可能有好的出发点，那么不仅能让他人感受到信任和尊重，也能让双方的信任度有所提升。

正面地看出发点，能够帮助你改善与他人的关系。因为没有人喜欢自己的行为被别人误以为有不好的出发点，你也一样。

当出现问题的时候，我们以正面的出发点为判断依据，设法动员大家一起面对问题、解决问题。我们可以这样说：我们都希望做好这件事情（积极正面地肯定出发点），我们一起来看看问题的原因在哪里，怎么解决问题。

这样的方式就是换位思考的应用。它体现了对人的理解和尊重，因而能够集思广益、群策群力，找到真正的根源，找出更好的方法，真正解决问题。

● 批评他人要慎重

我们在发表对别人的评判时要谨慎。因为我们能看见他人的行为，但看不见他人的出发点。因此，不要随意下结论，甚至批评他人。

看见孩子摔倒了，丈夫责怪妻子没有赶快把孩子扶起来，妻子却说，应该让孩子适应挫折，学会自己站起来。

出发点与行为在观察上的分离造成了判断上的盲点，这就需要我们能够换位思考，站在对方的角度思考问题。

想当然地以自己对出发点的判断，结合观察到的行为就下结论，往往是错误的。尤其是在时间紧、压力大、职位高的情形下，轻率的判断会断送事情的发展，断送组织的生存，甚至会断送个人的一生。

想方设法了解对方的出发点，再结合行为与结果，就能做出正确的判断。

换位思考的好处有很多，但要真正享受到这个好处的做法是，在任何事情上、在任何情形下、在任何时间和地点都进行换位思考，并把换位思考培养成一种习惯。

换位思考让"我们"更加具体、清晰而符合实际。但想让"我"走出局限，真正走进"我们"，还要取得"我们"中其他人的认同并让他们参与其中。

为什么要取得他们的认同？怎么取得他们的认同？这背后的道理是什么？具体的行动要点又是什么？

要素3

关注对方的感受

要取得他人的认同，你的想法首先要符合他人的需求，同时还要思考能够给他人带来哪些价值和好处，但前提是你必须让他人感受到这一点。

如果做不到这一点，即使再好的想法也只是"孤芳自赏"，不会被他人认同并接受，那么做起事情来必然势单力薄、难以为继。

改变这个现状的办法就是关注对方的感受，让对方感觉到被尊重、被重视。

关注体现尊重

我们知道，每个人都有被尊重和被认同的需求。而人们感受到自己被尊重、被认同，很大程度上取决于自身的感受有没有被人关注。

所以，关注对方的感受，才是真正尊重对方、重视对方。

美国作家肖恩·柯维认为：

"交流和影响别人的关键所在：首先是努力理解别人，然后争取使别人理解自己。"为什么这么说呢？"因为人们内心深处最大的渴望是被人理解。人人都想被人尊重，都想自身的价值得到别人的承认，承认唯一的、不可克隆的自己。"所以，"人们在感受到真正的爱和理解之前是不会向别人敞开心扉的。一旦感受到了这些，他们会把一切都告诉你"。

只有关注对方的感受，才能让对方从心里接受你、信任你。

关注对方的感受是一把钥匙，它能够打开与人交往的大门。

相反，我们如果忽略了他人的感受，不理解他人的想法，就会让对方感觉不舒服。即使是自己认为快乐、幸福的东西，如果不考虑对方是不是喜欢、愿不愿意接受就强加于人，对方往往也不会领情，他们会拒绝、反感甚至反抗。在生活中，很多纷争不是源于"坏人干坏事",而是好心未被人领会。

> 不同的人,有不同的心锁。

这就是我们生活中常说的"好心办坏事"。

好心办坏事

好心办坏事的情况在生活中经常上演,而且更多出现在熟人、家人和朋友之间。

做事的一方自认为出于好心,所以想当然地认为别人应该接受,而另一方在这种"想当然"的面前感觉自己没有得到尊重。做事的一方因为好心,所以理直气壮,对方越是拒绝就越是坚持;而另一方因为感受到伤害,则更为痛苦。

这种误会与麻烦的根源，就是双方都只站在自己的角度，没能"关注对方的感受"。

这就告诉我们，要做到思利及人，只换位思考是不够的，还必须关注对方的感受。通过关注来体现对他人的尊重，让对方感受到你的重视与认同，你也会因此获得对方的信任和理解。当你们建立起良好的人际关系时，做事就容易多了。

在现实生活中，人们会把自己的感受刻意隐藏起来，不容易被发现，同时常常关注"我"的感受，而忽略你和他的感受，更容易忽略"我们"的感受。

关注对方的感受，可以打开对方的心扉。怎样才能做到呢？我和大家分享4种方法：做教练不做家长、主动聆听、透视"冰山一角"和欣赏差异。

做教练不做家长

有个销售人员问主管："我每天都努力工作，为什么总找不到顾客？"

主管很不耐烦地回答："如果这么容易就找到顾客，我还要你干什么？"

销售人员听完无语，心里很沮丧。

在这个场景中，主管不仅没有关注销售人员的感受并对症下药地回答问题，还用轻视与不满的话语打压销售人员的提问热情。

● "家长式"方式

这位主管的待人方式你也许感到非常熟悉，因为这是我们生活常态的一个缩影。这种"家长式"的语气广泛存在于父母与子女之间，还存在于上下级、朋友、合作伙伴之间。

用"家长式"的方式与人相处时，往往会有这样的情况：

经常打断别人的谈话。

常常下命令。

轻易下结论。

这样的方式表现出来的是，全然不顾别人的需求，不理会别人的情绪，更不懂得尊重别人，让人难以接受。

反映到语言上，是这样的：

"就这样，听我的。"

"按我说的做，别想那么多。"

"你应该……"

总是以自己为中心，要求别人都要服从自己，凡事都喜欢"唯我独尊"，这就是"家长式"作风。惯用"家长式"作风的人，没有尊重人性中关于自尊、重视、认同、被爱的需求。"家长式"的沟通方式从一开始就没有尊重他人，直接导致他人的能力无法得到发挥，更谈不上潜能的释放。"家长式"待人方式得不到别人的认可和尊重，听不到不同的声音，少获得很多客观的信息，因而也就少了很多的可能性和成功的机会。

与"家长式"的行为方式完全不同的是"教练式"方式。

● "教练式"方式

用"教练式"方式与人相处，常常会这样做：

启发你思考。

由你做决定。

不轻易下结论。

所以，"教练式"的沟通语言通常是这样的：

"你是怎么想的/看的？"

"还有没有更好的（方法）？"

"你决定……"

用"教练式"方式与人相处的人,相信每个人都有积极的观点和成功的潜力。在教练看来,每个人内心都有对新知识的渴望以及被认同的需求,这些都是十分宝贵的东西,要给予爱护和珍惜。教练非常尊重他人的感受,因此,他会将他人的每个问题看作机会,通过鼓励和启发,让他人得到尊重、重视和认可,从而发挥出潜在的价值。

人们一旦感觉到被尊重,就会产生一种责任感,这种责任感能促进潜能的发挥。

我们如果用"教练式"沟通方式重演开头的故事,看看会有怎样的变化。

销售人员问主管:"我每天都在努力工作,为什么总找不到顾客?"

主管观察到这位销售人员每天都在拼命地找人,但是没有能够将人转变成为顾客。于是回答:"好问题!这说明你是一个既勤快又爱思考的人。遇到这样的困惑,你是怎么想的?顾客与你认识的人之间有什么不同?"

销售人员受到鼓励,兴奋地说:"我想,也许是我不了解他们的需求,因此不能在接触的人中找到顾客。"

主管进一步引导:"你有没有观察到,对于同样的问题,不同的人有不同的反应?这些反应能够说明什么?这个反应能否帮助我们找到需求?"

销售人员仔细听了主管的问题,说了声:"明白了,我知道该怎么做了。谢谢您!"

主管说:"我期待你的答案。"

如果你就是这位销售人员,你会有什么感受?这种感受又会带来哪些影响?

如果你就是这位"教练式"主管,此时此刻你会有什么样的心情?你对销售人员又有什么样的期望呢?

● 你习惯用"教练式"方式吗?

每个人都需要被尊重,人与人之间的关系是平等的。即使是父母和子女之间的沟通也需要平等相待,而与他人相处就更应该尊重他人的人格,重视他人的价值,平等地与他人沟通。

这个道理很容易理解,但在生活中并不容易做到,尤其是遇到以下 3 种情况时:

因为时间紧,人们会失去耐心。

因为压力很大，人们更关注自己。

因为关系亲近，人们反而忽略了对他人的尊重和认同。

事实上，被尊重就像空气和水一样时刻被需要，无论谁都是如此。这种需求并不会因为年龄的增长、感情的加深、关系的密切而减少，相反，这种需求会变得更强烈。

所以，任何时候你都需要有意识地用"教练式"方式待人接物，时刻关注人们对尊重、认可和重视的渴望，充分满足人性的需求，千万不可掉以轻心。

当你和很熟悉的人相处，开始觉得"无所谓"时，你要有一种"紧张感"，提醒自己时刻关注对方的感受，千万不要"口无遮拦，语出伤人"。

当他人已经表达了对失策或失当的觉察和歉意时,你要适可而止,不要"得理不饶人",非要人"跪下"求饶,写下保证书。

一旦你尊重和认可了他人,你就会收获很多。比如,事情进展得更顺利,节省更多的时间,减轻更多的压力。同时,你会乐于聆听别人的意见,获得更多启发或方法,增加更多成功的可能性,也会为你赢得他人的尊重与认可。

● **分享好过说服**

"教练式"方式中有一种技巧,那就是分享。

教练在传达自己观点的时候,会尽量避免刻意地说服他人、轻易下结论和采取生硬的推销方式,多用平等、互动和启发的表达方式,把自己的经验感受真心实意地表达出来,让别人在感受到尊重的同时,获得启发、明白道理。

分享的内容可以是知识、经验、技巧和感受。分享就像一位智者,它在真挚自然地提供帮助的同时,留给对方的是理解、想象、选择的空间和自由,而不会给予对方压力和干扰。

分享的效果好过说服。

讲故事是很好的分享方式。俗话说得好,听一堆大道理,不如读一段小故事。人们喜欢故事，是因为它生动、有趣，让人感动，还会让人从中明白道理。很多文化的传承、信仰的传播都是用故事的形式表达出来的，并一代一代地传递下去。

我在和他人交流的时候，也喜欢讲故事。我用故事的形式介绍自己，表达我的观点，分享我近期的体会和收获。

我经常把核心价值观和做人的道理编成小故事，讲给两个女儿听。渐渐地，我发现这样的交流很有效果，不仅增进了我们之间的感情，而且她们很喜欢这样的交流，每次都听得津津有味，记得也很牢。

讲故事可以将生硬的道理变得鲜活且有生命力。学会讲故事，可以提高影响别人的能力。故事拥有比数字和理论都要自然且更容易让人接受的力量。更有趣的是，用故事的形式表达的信息，通常更容易被人记住。

用故事来分享，是关注对方感受的一种体现。恐怕没有人会拒绝那些有趣的故事和有益的分享。

从现在起，我们就开始有意识地运用"教练式"方式待人处事吧。

我们将"家长式"与"教练式"做法和说法的差别列了一个表，作为小结（见表1）。

表1 "家长式"与"教练式"的差别

分类	家长式	教练式
做法	经常打断别人的谈话	启发你思考
	常常下命令	由你做决定
	轻易下结论	不轻易下结论
说法	"就这样，听我的。"	"你是怎么想的/看的？"
	"按我说的做，别想那么多。"	"还有没有更好的（方法）？"
	"你应该……"	"你决定……"

主动聆听

一位销售大师说过："说话并不能推销，聆听却可以。"销售中的成功等同于有效的聆听。顾客需要什么，总是由顾客自己说出来。听顾客讲，既是对顾客的尊重与重视，也可以找到他们关心和需要的内容，准确地满足顾客的需求，这样销售才会成功。

关注对方的感受，同样需要学会聆听，主动聆听。

在聆听的时候，我们不但要听明白对方说话的内容，更要注意对方语言之外的表现，关注对方所表现出来的情感和情绪，从而准确把握对方真正的意图。

为什么主动聆听很重要？因为聆听体现关注。

● 聆听体现关注

有位同事，很聪明又富有激情，做事干练，但是仍然遭到经销商的投诉。他讲了一件有趣的事情：

有一次，经销商向他的上司投诉他，然后立刻把投诉的原因告诉他："我刚刚向你的上司投诉你了，说你很少听我们把话讲完。我们都知道你的工作很忙，但是我们很多时候只是想跟你说说话。"

很简单的原因，很精彩的语言，这位同事触动很大。

很多时候，人们关注的不是你做了什么，而是你对他们的态度。"只是想跟你说说话"等同于"只想你听我说说话"，这表达了聆听对人是多么重要！

人们怎么才能判断"你很重视他"？最简单的一条，就是看你是否主动聆听。你如果认为一个人很重要，就会尊重他，关注他的一言一行，包括认真聆听他的话语。

所以，一个好的销售人员会用主动聆听来表示他对顾客的关注和重视，赢得顾客的信任；一个好父亲，会拿出时间单独与孩子沟通，主动聆听孩子的心声，让孩子感受到父亲的关爱；一个好教练，会主动聆听学员的声音，表达对学员的重视与鼓励，让学员进一步释放自己的潜能，取得进步。

有个朋友给我分享了一个故事。

朋友的女儿刚刚上小学五年级，非常喜欢电子游戏机，要求父亲给她买一个。但是父亲认为电子游戏机会浪费大量的时间，耽误女儿的学习，为了女儿好，父亲想打消女儿买游戏机的念头。父亲对女儿说："玩游戏浪费时间，不能买！"

女儿极不高兴，很长一段时间不理睬父亲，学习也不用功。父亲感觉到问题的严重性，开始尝试着用一种新的方式和女儿对话："我很想听听，为什么你要买电子游戏机？"女儿告诉了父亲5条理由。

父亲很认真地听完后问女儿："你有没有想过买了电子游戏机之后会有什么不好的地方？"父女俩在这个问题上又进行了交谈。

在充分沟通并耐心聆听完女儿的各种理由后，父亲说："我很希望你能把更多的时间花在学习上，电子游戏机买还是不买，你来做决定。"结果，女儿很快回答说："那就不买了。"

这件事给朋友留下的印象很深刻。他说，买不买电子游戏机并不是问题，问题是有没有给女儿机会说出她想购买的理由，关注女儿的感受；有没有认真聆听她的声音，站在孩子的角度进行交流。

● **聆听无声的声音**

关注对方的感受，不仅仅是为了让对方感受到被重视、被尊重，更是为了找到对方真实的需求。

人们表达感受有多种形式：说话、语调、停顿方式、声音大小、身体语言等。这里有通过声音来表达的，但更多还是通过无声的"声音"来表现。

无声的表现也是一种"声音"，它承载着各种信息，包含很多情绪、感觉、感受等。

关注对方的感受，也要主动聆听无声的"声音"。

我们每次开会的最后都有一个环节，就是对会议效果和主持人的表现打分。有位同事在这两项中得分很高，在分享经验时他告诉我们：

作为主持人，最主要的任务是保证会议的效果。实现这一点的秘诀是经常关注每位参会人员的精神状态，经常看看他们的眼睛，他们的目光是否处于游离和无神的状态？看看他们的坐姿是否经常变化？是要上洗手间还是有些疲劳？对会议的内容是否感兴趣？会议的内容要不要变化一下？根据这些具体情形随时做出调整，不要拘泥于会议议程。

换句话说，就是要经常主动聆听与会者无声的"声音"。

无声的"声音"还表现在人们的言语中。所谓话中有话，就是人们说话总是带有情绪。一个人在不同的场合对不同的对象说不同的事情，会产生不同的情绪。即使是同样的话语，背后所要表达的意思也是不一样的。听事实更要听情绪，因为情绪也是事实的一部分。

在主动聆听时，还需要注意以下几个方面：

专注地听，排除会让自己分心的干扰。你必须先感受对方传递的信息，然后正确地解读，最后做出合适的回答。

让对方说完他想说的话，鼓励对方提供更多的信息和细节。这样可以避免听了一部分丢了另一部分，避免因为信息不完整影响我们做出正确判断。

如果有可能，你要了解对方的背景、经历、知识以及对所说事情的态度。这会帮助你更完整地理解对方所说的话究竟是什么意思。

通过"主动聆听"，你可以更好地关注他人的感受，把握他人的需求，给予他人充分的尊重和重视，使他人感受到被认同，这样就能增进相互的了解，并取得他人的理解和信任。在这个过程中，你的价值也更容易得到实现。

在实际生活与工作中，写在脸上的感受很容易被看到，但也有很多没有写在脸上，如果不注意你是看不到的。关注他人的感受，还需要关注这一部分。看得到的这部分，我们形象地称其为"冰山一角"。

透视"冰山一角"

在著名影片《泰坦尼克号》中，大海上的冰山让人印象深刻。海面上冰山只是露出一角，海面下冰山硕大无比。船员只看到了海面上的一角，忽视了下面潜藏的危机。正因为这样，才酿成了泰坦尼克号的悲剧。

"冰山一角"是一种自然现象。这种自然现象让我们有了一个认识——"冰山一角"的下面可能还有更大的冰山。要想了解冰山，必须深入海里。

现实中也有很多类似于"冰山一角"的现象。

一位优秀的销售人员在接到顾客投诉的时候，尽管顾客非常生气，甚至破口大骂，但他仍会彬彬有礼地引导顾客说出投诉的原因，耐心地帮助顾客解决问题。为什么销售人员不会因顾客态度不好而生气呢？因为他知道顾客生气不是冲他本人，关键是帮助顾客找到解决问题的办法。

你听到的话语声音、看到的行为举止、读到的字里行间，或许都只是对方真实感受的一部分，这些表达的背后还有很多需要你去了解的东西。这个认识会让你对"冰山一角"下面隐藏的更大的冰山保持探寻的兴趣，研究各种可能，而不再只针对事物的表面现象（"冰山一角"）轻易地做判断和下定论。

透视"冰山一角"的好处很明显，它不仅能减少我们的盲点，让我们能够更加本质地了解世界并把握规律，还能让我们关注他人的真实感受，找到他人的需求。

● **表象背后一定有道理**

有位同事讲过一个故事，给我留下了很深的印象：

我的丈夫是警察，每个月都有几天必须值班24小时，值班时间不是星期六就是星期日。我很希望丈夫可以在星期日这天值班，这样星期六他就能够陪我了，即使晚上晚点儿睡也不会影响工作。但是，丈夫总是安排星期六值班，星期日在家陪我。时间长了，我特别不理解，感觉丈夫一定有什么事情瞒着我。有一次，我特别生气地责问他为什么不安排星期六休息。丈夫很平静地告诉我："你不是有星期日综合征吗？晚上睡不着，星期一起不来，容易上班迟到，我特意安排在星期日休息，就是想晚上与你说说话，减轻你的压力，让你能够安心睡觉，早上我来当闹钟，以便你能准时上班。"听完这些话我的心里真的很感动，看来他这样做也有道理。

就像"冰山一角"一样，"表象背后一定有道理"。

任何事情的存在都有它的道理，每个人如何做事总会有其理由。每个人感受的背后一定都有其内在的原因、背景、逻辑和道理，问题在于你能否找到并了解它。

在没有找到这个道理之前，你会产生各种各样的想法，甚至有一些是荒唐、无理、多余的。但是这些都是你自己的看法，往往与事实并不相符。

你如果注意到"冰山一角"现象，就会找出这个道理，了解表象背后的理由。当你做到了这一层时，你才有可能理解对方，才有可能关注对方真实的感受，也才能够真正了解对方的需求，并获得对方的信任。

人们常常会忽略这些，在不经意间无视他人感受背后的原因。记住，无论对方做什么事，有什么感受，都一定有"道理"。

● 了解原因，理解对方

假如你没有注意到"冰山一角"现象，那会发生什么呢？

面对他人的感受你会漠不关心、置之不理。在他人看来，你冷漠，对人缺少尊重、认同、理解，因此外人不会喜欢你，更不会信任你，他们会与你保持距离或远离你。

面对他人的感受，你会过早地下结论。这样一来你将失去了解他人真正需求的机会，不仅如此，你也丧失了一个吸取经验的机会。他人会因为无法说出真实想法而懊恼，还会因为没有得到你的尊重和理解而对你缺乏尊重和理解。

如果你带着尊重和好奇心关注他人的感受,那又会怎样呢?

注意到"冰山一角"现象,你会保持开放的心态。
在没有完全了解他人想法的时候,不轻易下结论。
面对他人的感受和需求,寻找理解和支持的方法。

注意到"冰山一角"现象,了解对方表象背后的缘由,才会真正理解对方。只有理解对方,才会在面对不同的声音时始终乐于主动聆听。

注意到"冰山一角"现象,透视"冰山一角"下面隐藏的更大的冰山也是汲取他人智慧的过程,从他人的语言中感受到他人对世界不同的理解和看法,正好可以弥补自身的局限。

● **透视"冰山一角"并不难**

在生活中,透视、探寻"冰山一角"下面隐藏的冰山并不难,你只需要多问一些"为什么"。

"为什么?"

"为什么不?"

"这背后发生了什么事情？"

以上这些句型只是一种思路和意识，不是固定的询问模式。我们也可以用语言进行关注式询问："你这种想法的原因是什么？""发生了什么事情？"

重要的是，你还要问自己："为什么会这样？"

有了这样的意识，你就能够在他人表达疑问或看到他人的行为表现时，找到"冰山一角"下面隐藏的冰山。

还记得前面讲到的那个主管与销售人员的故事吗？在探寻"找不到顾客"这个"冰山一角"的问题下面隐藏的是什么时，主管这样引导销售人员："好问题！这说明你是一个既勤快又爱思考的人。遇到这样的困惑，你是怎么想的？顾客与你认识的人之间有什么不同？"

一个简单的问题，却因为注意到"冰山一角"的现象而变得很有意义。通过对这个问题的解答，主管不仅能够把握住销售人员产生困惑的原因，更重要的是，销售人员会因主管的肯定和启发而备受鼓舞，将会在今后的工作中更加自信和努力，两人之间的关系也会非常融洽和快乐。

正是因为注意到"冰山一角"，你才会聆听；正是因为注意到"冰山一角"，你才要分享；正是因为注意到"冰山一角"，你才会关注对方的感受。

注意"冰山一角"现象的好处有很多：保全了对方的面子，给予对方尊重；给自己留出了空间，突破了"我"的局限；开阔了视野，增加了成功的可能性。

洞察"冰山一角"的能力，可以从"欣赏差异"中获得。

欣赏差异

每个人都具有独特的才干和价值，能够将一件事情做得比其他一万个人都好。这是美国盖洛普咨询公司提出的著名的"优势理论"。

每个人的才干都是客观存在的，关键就在于你是否看得到。这与"冰山一角"是一个道理。

每个人的才干都像一个宝藏，但并不容易被人发现。宝藏为它外面的很多东西所遮盖，甚至宝藏的主人都未必知道。

对于他人的才干，你看得到才能用得到，看不到就肯定用不到。

当你能够看到并很好地用到别人的才干，将大家的优势集合起来时，你就可以很轻松地把事情做好，创造更大的价值。这就是我们常说的 1+1＞2。

但在很多时候，你没有看到他人的才干，却主观认为他人没有才干，结果不是与人才擦肩而过，就是没能将他人的作用激发出来，最终事倍功半，浪费很多资源。更为严重的是，还极有可能因此影响你与他人的关系，成为你成功的障碍。

问问自己，为什么我看不到他人的才干？或者，是什么让我看不到他人的才干？是对待差异的态度。

● **用欣赏的眼光看差异**

对待差异通常有3种不同的看法：

包袱、累赘。

视而不见，与己无关。

视为礼物，当作优势。

这3种不同的看法决定了你对待差异的态度：

排斥。

尊重。

欣赏。

排斥差异的人完全不能接受与自己有不同观念和行为的

人，无论是从着装到言谈举止，还是从观念、态度到工作方式，都要求与自己完全一样，听不进去不同的声音。这样做事，即使有更多的人一起合作，也只能得到一种观点、一种方法，造成1+1=1的结果。甚至因为看不到更多的可能性，排斥差异，给处在瞬息万变的环境中的事情带来损害，变成1+1<1或1+1=0。

尊重差异的人知道每个人都是不同的，所以他能够和不同的人在一起做事情，不会强求他人与自己保持一致。但只是尊重差异也不会从他人身上发现独特的才干，更不会思考如何使用他人的独特才干。仅仅是尊重差异，而没有对这些差异进行资源整合，大家各干各的，只能达成最低限度的共识。基于这种最低限度的共识，人与人之间的合作只会产生平庸的绩效，而不是高绩效。这样的合作结果顶多是做了一次加法：1+1=2。

欣赏差异就完全不同了。这类人认为人与人之间的差异并不是一件坏事，反而是天大的好事。从差异中找到互补的才干，寻找互相依赖、互相促进、互相完善的资源，进行优势互补、协同增效，既能让每个人的才干都得到充分的发挥，又能让这种差异的组合给团队的每个人带来最大程度的受益，这种受益超过了人们单凭个人才干所能创造的结果。这就是欣赏差异所带来的不同结果：1+1>2。

你如果能看到每个人独特的才干和优势，以及个人之间的差异所带来的巨大价值，就可以更轻松地获得成就。

你如果能把成员中的差异当作既有价值又很宝贵的财富加以整合和利用，就能产生协同增效、事半功倍、优势叠加、效能倍增的效果。

● **相互欣赏，兄弟齐心**

研究表明，一个家庭里兄弟姐妹的兴趣、爱好、性格、作风等，通常是不同的。

这个研究还进一步说明，因为这种差异，兄弟姐妹之间的合作是不容易的。但是，如果兄弟姐妹能够相互合作，结果就会大不相同。

关键在于，兄弟姐妹能否相互欣赏，发挥各自的强项。

1998—2000年，我开始反思自己与家族的关系，开始站在整个家族的立场思考怎么经营家族企业的问题，用什么办法来推动实现家庭成员间的合作呢？我组织兄弟姐妹一起阅读一本讲述如何让家族事业延续的故事书《一代接一代》。通过一起读书共同分享，大家认识到：合作要比单干好。我还组织兄弟姐妹一起参加瑞士洛桑国际管理学院的家族管理培训，让大家在共同的平台上一起提升，增进沟通和了解，加深理解和信任，学会相互欣赏。

大家发现，各自的差异原来那么有价值。大家在同一个环境下思考和提高，在同一个思维平台上沟通和交流，不仅能将学到的知识迅速转化为行动和成果，还能做到齐心协力，在家族委员会的决策中发挥积极有效的作用。

相互欣赏，兄弟齐心，很多事情也就好办得多。现在，我们将很多延续家族事业的事情进行了安排，这些安排在制度上保障了家族事业能够成功逃脱"富不过三代"的魔咒。

● 欣赏差异的背后是什么？

对待差异的态度不同，带来的结果也大不相同，这是人们容易忽略的，但这并不意味着人们对待差异只会采取一种态度。

同一个人在对待不同人的时候，也会不自觉地选择不同的态度。比如，对自己轻视的人采取排斥的态度，对自己管不了的人采取放任的态度，只有对自己喜欢尤其是非常喜欢的人才会采取欣赏差异的态度。

这个现象很有意思。人们为什么对自己喜欢的人才会自觉做到欣赏差异呢？3种对待差异态度的下意识选择，揭示出一个重要信息：你是否对他人认同和重视。

对你所轻视的人，你当然不会认同和重视，也因此才会用排斥差异的态度。对你管不了的人，你既不感兴趣也无可奈何，所以抱着既然躲不了就接受的想法，让差异"随它去吧"。只有对自己非常喜欢的人，因为内心很重视，所以每个细节、每个差异你都感觉很有道理、很有意义。

这也告诉我们：

欣赏差异是以重视和认可对方为前提的，是"以人为本"的产物。欣赏差异的背后是对人的重视和认同。如果你这样做了，你就会欣赏他，发现他的才干，进而会不由自主地喜欢他，信任也就自然而然地产生了。

表2是我们总结出的3种对待差异的不同态度、看法和结果。

表2 对待差异的3种态度、看法和结果

态度	排斥差异	尊重差异	欣赏差异
看法	不能接受差异	承认差异是客观事实	差异是一种优势
结果	1+1<1 或 =0	1+1=2	1+1>2

● 怎样才能做到欣赏差异

怎么做到欣赏差异？怎么才能看到对方的长处，发现对方的优势？

做到以下两点，会帮助你做到欣赏差异：

记住"人人都有强项"。
关注对方、重视对方。

常常问自己以下3个问题，会帮助你做到欣赏差异：

他身上有没有值得我学习的地方？
他的作用有没有得到充分发挥？
他为什么和我不一样？这个不同之处对我来说有什么好处？

欣赏差异的能力实际上就是一种感受美的能力。在美的事物面前你能看到美，在不美的事物面前你能发现美，在世间万物的面前你还能看到其背后的本质联系。拥有这样的能力，你就拥有无穷的力量。

小　结

为了让生命丰满，让价值最大化，我们在做事之前先思考如何有利于"我们"，这就是"思利及人"。

思利及人的应用有3个要素：直升机思维、换位思考、关注对方的感受。

我们可以形象地理解这个逻辑：先将"我"上升到"我们"来思考整个事情；然后"换位思考"检验这个事情是否与"我们"相符；最后用"关注对方的感受"来取得"我们"的认同与参与。

"我"走进"我们"会带来怎样的效果？指导我们的行为法则是什么？这部分内容会在后文分享。

"我们"对"我"会有什么要求呢？怎么才能让"我们"愿意与"我"一起合作呢？有哪些法则能帮助我们？这部分内容留在"务实诚信"中讨论。

当"我"与"我们"真正融合在一起时，什么法则可以确保"我们"在不可预知的变化中总是能够获取预期的成果？这个问题放在"永远创业"中研究。

总结上述内容，你是否已经感觉到，"思利及人"不再是一个简单的词组，而是一个观念、一种文化、一个逻辑、一门艺术、一个流程、一种智慧，更是一种力量。

其实，"思利及人"并不复杂，从3个基本要素的分析和运用来看，它体现了一些恒久不变的原则和方法，而这些极为普遍的原则和方法有助于我们成就一生。这些原则和方法中有很多内容可能是你早就知道的，但是，你是否发现在日常生活中很难将它们做好？

要如何解决这样的困惑？我的体会是，要深入认识、全面理解、反复实践、总结提炼。

思利及人这4个字非常简单，但包含的内容却很多。在这里，我希望能通过自己的分享抛砖引玉，和大家一起加深体会。

我完全相信，一旦你真正将"思利及人"的3个基本要素运用到生活和工作中，你就会发现它所带来的好处比我写出来的要多得多。

现在，让我们来一一分享。

第二部分

原则一：造福社会

每个人的所作所为都与社会息息相关。我们一旦"坐上"直升机，拓展思维的宽度，就可以看到"我们"，也就可以看到怎么有利于"我们"，这就是造福社会。

有人说，"造福社会"只是一句漂亮的口号，听起来很伟大，但和自己的距离很遥远，没有一点儿感觉。

有人说，"造福社会"是那些伟大领袖、科学家、时代英雄的事，普通人怎么能做到？

也有人说，"造福社会"是我们每个人都能做到的。因为造福社会的方式有很多，每个人都可以选择适合自己的方式。

我同意最后一种说法。

如果做事情都能先思考如何有利于"我们"，实际上也是在思考"造福社会"。如果你在做任何事的时候都能先顾及整个社会，那么造福社会就不是离我们很远的空谈，而是人人可为、力所能及的事情。从做好身边的每件小事开始，让每个人都能收获幸福、开心、满足，让大家受益，让社会变得和谐，做好这些就是造福社会。

做好一件小事，也可以帮助他人

你在生活中一定遇到过这种情况：在过马路的时候，红灯亮了，但是马路上并没有车，这个时候你是过还是不过马路？

如果从"我"的角度出发，这个时候过马路没有危险还能节省时间。

但换个角度，站高一点儿，从"我们"的角度出发再想想。城市设置红绿灯，是为了保障交通顺畅和市民安全，不管有没有汽车，红灯即停，这是一种对规则的遵守和行为习惯的养成。我们肯定不想看到这样的画面：每个人都在红灯的时候抢着过马路，汽车纷纷停下躲避行人，车流变得缓慢，交通变得拥堵。如果每个路口都是这样，那么整个城市将混乱不堪。红灯不停必将绿灯难行，我们的每个小动作都将影响其他人，进而影响整个社会。

如果人人都能遵守规则，交通就会顺畅，相应地，每个人的效率也能得到保障。

正是不闯红灯、随手关掉不用的电源、给老人让座这类小事组成了我们的生活。虽然事小却和我们的生活有关。如果凡事都能从如何有利于"我们"的角度出发，从做好身边一点一滴的小事开始，给他人带来好处，那就是在造福社会。

造福社会就在我们身边

大公无私、专门利人是造福社会，先公后私、尽职尽责、办事公平是造福社会，助人为乐、见义勇为是造福社会，遵纪守法、诚实劳动、合法经营是造福社会，家人、朋友、同事、同学间相互关心、相互爱护、相互帮助同样是造福社会，甚至长者将其丰富的人生阅历和生活经验传授给后人也是在造福社会。

造福社会的事情有大有小，既可以是对人类有卓越贡献的发明创造，也可以是生活中助人为乐、拾金不昧、于人有益的小事。

造福社会就在每个人的手边，就在你每时每刻的行动中。说到这里，你一定想知道，我们该怎么造福社会？我们从哪里开始？该做些什么？我们只能孤军奋战，还是可以大家一起做？在这个纷繁变化的世界里，我们怎样才能持续地做下去？

首先，从思考一个人的终极追求开始，明确人生的终极目标。接下来，因为要承担更多的责任，我们要学会如何让自己的生活更轻松，做事更成功。最后，面对纷繁变化的社会，我们如何才能适应变化，持续不断地实现自己的追求？那就是学会做自己从未做过的事情，这将让我们处变不惊，为成功加速。

我将通过3个法则，即使命、借力、创新，和大家一起分享我的心得。

法则 1

使命，让生命有意义

生命只有一次，每个人都希望自己的一生过得有意义。

无论你有怎样的人生经历和故事，也无论你处在人生的哪个阶段，都会有个声音在问你：

我在哪里？我来到这个世界上是为了什么？生命的意义在哪里？在我的一生中，什么愿望一定要实现？离开这个世界的时候，我会留下什么？这些问题很有意思吧，我们应该怎样回答？在你思考这些问题的时候，我先讲一个"盖棺论定"的故事。

"盖棺论定"的启发

小时候，父亲经常带哥哥和我去参加别人的葬礼。我们安静地站在一边，看着那些生者对死者的怀念，听着生者对死者的悼言。随着哀乐的响起,逝者一生的经历就像电影一样播放。有的人会暗自落泪,有的人在葬礼结束后久久不愿离去。有的人虽然声名显赫,死后风光大葬,但真正怀念他的人却没有几个。

别人如何评价我的一生?

我发现,这是人生中一个重要的时刻。在生与死的"交接仪式"上,只有真正的朋友才会来参加。在追悼会上,司仪念出这个人生前所做的那些有意义的事情,好像人生的一张成绩表。我想,终有一天我也会离去,那时我会拿出什么样的成绩表?对社会,我会留下什么?

父亲告诉我,有些人虽然离开了,但是他一生的作为却会留在人们心中。更重要的是,通过参加葬礼,我对生命的意义有了更多的思考。

人的一生，应该为自己的所作所为负责任。"修身岂为名传世，作事惟思利及人"，能不能将事情做成、做好、做大、做久，做出一份事业，对社会做出贡献，才是人生追求的终极目标。

你希望别人如何看待你的一生？如果把每一天当作自己生命中的最后一天来过，你想做些什么？你是否会惜时如命，是否会赶紧把那些最重要、最有意义的事先做好？

我很喜欢这句话：你如果能过好生命中的每一天，就能过好自己的一生。

还有一句话我也很认同：我们不能决定生命的长度，但可以努力扩展生命的宽度——通过提升生命的质量、丰富生命的内涵来增加生命的价值。

要成就一生，就需要明确自己人生的方向，而这个方向正是我们一生要追求和实现的目标。

伟人之所以伟大，正是因为他们能够找到并坚持这个方向，为此贡献一生。

每个人都需要有使命。如果找到属于自己的使命，任何人都可以让生命变得更有意义。

使命到底是什么？使命就是一定要把某件事情做成的

责任。

一个好的使命应该是，把造福社会变成自己分内的事情，并以此作为人生的根本追求。

真正的使命就应该是这样的好使命。

使命的意义在于，帮助我们找到人生的坐标，清楚自己的位置：我们在哪里，我们为什么活着，我们将要怎样成就一生。

拥有明确的使命，才会有坚定的信念，才会有源源不断的动力。使命会引导我们的行动，让我们清晰地了解自己所作所为背后的意义和价值，鼓励我们克服困难，坚持下去，实现心中的追求。

使命是连接"我"和"我们"的桥梁，让我们坐上直升机，看得宽了，看得远了。思考如何有利于"我们"，才能确定使命。

只有明白了使命所在，你才会对自己人生的每一步都有仔细的考虑，才会在追求使命的过程中不计较个人得失，也才会不在乎一时的成败。

使命是否存在，会让你收获截然不同的人生。而拥有使命就等于拥有了一份责任，因为有了责任，人生更有意义，做事也就更加成功。使命不是一朝一夕就能实现的，需要持久的坚持和坚守，激励为使命加油，也为我们成就一生注入能量。

从"相信"到"一定要"

● 3 个工匠的故事

现实生活中，我们在做每件事情时，是不是负有使命感，产生的效果是完全不一样的。

有这样一个广为流传的故事，就说明了这个深刻的道理：

有 3 个工匠一起盖房子。行人路过，分别问他们在做什么。

第一个工匠一脸茫然地说："没看到我在忙吗？工头安排我来砌砖。"

第二个工匠很兴奋地说："我在盖一栋很大的房子，这栋房子盖好了，就可以住很多人。"

第三个工匠非常自豪地说："我感觉我有一种使命，我要让这座城市变得更美丽。我要争取将来盖更多更漂亮的建筑，让来到这座城市里的每个人都称赞我们的城市是最漂亮的。这是我这辈子一定要做的事情！"

10 年后……

第一个工匠还是一名普通的工匠，仍在埋头砌砖。

第二个工匠成为工程师，在工地上指挥大家建房子。

第三个工匠当上了这座城市的设计师，在他的规划下，这座城市变得越来越漂亮。

这个故事中，第一个工匠每天只是在为生存和"混口饭吃"而忙碌，别人让做什么他就做什么，做完就算了，从来没有想过树立自己的使命，也不会发现工作背后的意义，于是工作起来没有动力，得过且过。时间一天天、一年年地过去了，他始终是一名普通的工匠。

第二个工匠已经看到自己是为"很多人"盖房子，但只是看到了当下"我们"的需求，没有着眼长远，没有形成真正的使命，所以他即使有所成就，也没能做出一番更大的事业。

第三个工匠既看到了当下人们的需求，也看到了未来建筑对整座城市的作用。虽然在做同样的事，可是他拥有一个把城市装扮得更美丽的使命。你可以想象一下，因为有了这个使命，他就有了明确的目标，并为此不断地付出努力。这样年复一年，他在实践使命的过程中为自己赢得了精彩的人生。

我很认同一种观点：高调做事，低调做人。这里所说的"高调做事"，它强调做事要从"我们"的角度出发，要进一步凸显"我们"。也就是说，看事情的角度和位置要高，看事情的意义要全、要远，涉及的面要广，要从"造福社会"的角度，从"有利于我们"的角度去考虑如何把事情落到实处。而在做人的时候，要把"我"放在"我们"的后面，这就是"低调做人"。

3个工匠的故事恰恰反映了这一点。拥有一个"有利于我们"的使命，让自己产生"一定要"的决心，使自己在做任何事的时候方向明确，动力充足，成就自然非同凡响。

法则1 使命，让生命有意义

使命就是责任

2011年12月,首份《中国家族企业发展报告》在北京发布。我作为中国家族企业研究课题组成员,参与并推动了此份报告撰写和发布的全过程。

在发布会现场,一位记者问我:"作为百年家族第四代成员以及一名香港商人,为什么要花那么多精力去关注中国家族企业的事情?"我思考了好一会儿,找到了一个最简单的答案:"李锦记家族是中国数百万家族企业大家庭中的一员,理应关注家里的事。所以,李锦记家族把促进营造中国家族企业健康持续发展的良好环境,作为承担企业社会责任的一种创新。"

其实,我的这个答案和我们家族在家族企业持续发展问题上所进行的所有努力,都来自这样一份使命:李锦记家族本着"直升机思维"的高度,引领社会上传统的家族走上现代家族企业治理传承的道路。

正是因为这个使命的存在,我们觉得促进中国家族企业延续和发展是我们分内的事情,是我们义不容辞的责任。

使命,就是一定要把某件事情完成的责任。

使命能使人跨越现实的生活而看清生命的价值,跨越个人的视角而看到集体的力量,跨越自身利益的樊篱而主动承担社会责任。

一个人只有承担更多的责任,才能让生命获得更大的意义,才可能成就一生。

● 一定要做到

拥有使命的同时,你会拥有一份信念,也会拥有一份责任。这份责任所带来的力量会带领我们克服一切困难,永不放弃,超越自己,实现自己的美好未来。

如果医务工作者把"治病救人,让更多的人拥有健康"当作自己的使命,那么每天为患者细致地服务就是理所当然的事情了。这样,工作就会变得有意义,即使是小声地问候一下患者,也是发自肺腑的。他还会为了提供更好的服务努力钻研业务,勇于创新,不断提高为患者解除痛苦的能力。

可以想象,由使命带来的责任会得到越来越多患者的感激和认可。

有了使命,想到的是"我们",分内的事情多了,责任也大了,这让你更坚定了"一定要做"一件有意义的事情的决心。在这个过程中,生命也变得更有意义了。工作不再只是任务,而是非常开心的事情,你会发自内心地喜欢,做任何事情都会积极主动,每一天你都很充实、很开心。这份充实和开心又帮助你把一定要做到的事情坚持做下去。

● **造福社会让生命更有意义**

在当今社会,一个没有责任感和使命感的人是难以成功的,一个没有责任感和使命感的民族是难以进步的。

以造福社会为使命,由此带来的信念和责任能激发内心持久的动力。

造福社会是"直升机思维"的具体体现,它就是"我们">"我"的代名词。

一个人的价值高低,取决于他可以为别人带来多少价值。造福社会可以更好地帮助他人,为更多的人带去有价值的东西,所以能更容易获得大众的认同和支持。因而,在造福他人的同时,自己也能收获快乐和成长,拥有更多的力量。

造福社会使自己寻求成就的道路变得通畅,使命感伴随着成就感,意义和幸福同行,付出更多,贡献更多,收获也将更多。

中国有句古话:"天下兴亡,匹夫有责。"这句话讲的就是,每个人都应该对国家和社会有一种责任感。活着不仅仅是为了生存,更应该为了一个远大的"使命"。

带着这份造福社会的使命去面对生活,你会发现,在他人需要的时候,一个会心的微笑、一句热心的问候、一次认真的倾听、一次积极的分享……这些细微的举动都可以给他人带来温暖、支持和力量,甚至影响他人的一生。

使命需要激励

开车长途旅行,需要给汽车加油。不管沿途的道路是直的还是弯的,是平坦的还是坑洼的,加满了油我们就可以一路向前,欣赏途中美丽的风景,享受旅途的快乐。

这段长途旅行有顺利的时候,也有遇到困难的时候;有信心十足的时候,也有困惑不解的时候。特别是,要完成旅行不是一两天就可以做到的,需要经历一段很长的时间。

使命使我们在找寻生活和工作目标的时候不仅能看到自己,也能看到"我们",这样所带来的责任和意义同样巨大。带着这种不凡的意义去做事,对我们自身就是一种激励。

实现使命也不是一朝一夕的事情,我们需要学会运用激励不断地为自己加油、助威。

● **用成就感激励自己**

如果说事业上获得的成绩就是成就,那么一个人在事业上取得每一点儿进步或成绩时所体会到的感觉就是成就感。

你可以通过寻找成就感使自己得到满足和鼓励。这种满足和鼓励不仅能让你感受到快乐,还会从内心深处给你带来动力。

成就感带来满足,会激励你继续追求新的成就。这样不断地循环下去,你就有了源源不断的动力,帮助自己克服各种困难,战胜各种挑战,不断前行,成就一生。

这种由成就感带来的激励可以来自别人的认可和赞扬,也可以来自我们对自己的肯定。别人的激励对我们来说比较熟悉,而另一种源于我们自身的成就感,反而是很多人容易忽略的。

这种成就感源于感受到自己的进步和成绩,并产生一种不断前进的驱动力。这种成就感本身就是一种自我激励。

自我激励发自内心,由自己掌握。这种激励可以随时随地出现,可大可小,而且没有成本。正因为是对自我的认同和满足,自我激励有时会比由别人的赞美所带来的成就感更强烈、更真实,从而产生更大的激励作用。

我从小就喜欢踢足球，近些年开始打高尔夫球，这是两种不同的运动：足球是一种激烈的团队运动，两支球队都要想尽办法攻破对方的球门，赢得比赛；而高尔夫球是一种很安静的个人运动。

空旷的高尔夫球场上没有观众的呐喊，也没有和对手直接的对抗，只有自己拿着球杆不断地把球打进一个又一个球洞。这是一种与自己比赛的运动。我在这项运动中深深地体会到：找寻来自内心的成就感会带来很好的激励效果。

打高尔夫球的动作看起来很简单，就是挥杆击球。可是，用的球杆不同，挥杆的力度和角度不同，打出来的球也不一样。要把球打到很远的一个小洞里面，这对控球的要求很高，需要反复练习。在每一次的练习中，我都会自己寻找成就感。

例如，我今天打了10杆，有9杆打得不好，但是有一杆打得很好，这一杆挥杆好，击球点位好，击球声音好，球的轨迹好，挥球的感觉也好，我就要记住这一杆，忘记其他打得不好的9杆，因打好的一杆而产生强烈的成就感，鼓励自己再接再厉，将好的动作重复下去，将好的感觉重复下去。每次打出比前一杆好的球，我都会在心里激励一下自己，"不错，有进步"，然后继续练习。我发现这种做法很有效，能让我在重复的练习中不会感到枯燥，打得不好的时候也不会急躁，反而很容易找到好的感觉，击球越来越连贯，成绩也越来越好。

● 使命让成就感更强烈

自从 1888 年我的曾祖父李锦裳先生开创了李锦记蚝油酱料事业，"把中国的饮食文化传播到全世界"就成为李锦记人的第一个使命。130 多年过去了，世界经历了史无前例的变化，李锦记人也经历了不少风风雨雨。我父亲这一代也经历过两次负资产经营的状况。但是，强烈的使命感一直激励着李锦记人坚持拼搏。今天，李锦记集团已经由小型家族式企业发展成为享誉全球的酱料世家。

在李锦记集团的发展史中，使命一直发挥着巨大的作用和影响，对我的影响也极为深刻。20 世纪 90 年代，李锦记集团确定了第二个使命——"弘扬中华优秀养生文化，共创更健康、更快乐的生活"，我全身心地投入这个使命，更加体会到使命的巨大激励作用。

这 30 多年是我一生中学到东西最多的时期。这一时期，我们抓住了历史机遇，也经历了历史挑战。因为有了造福社会的使命，虽然遭遇了不少困难，但我没有放弃；虽然遇到不少危机，但我没有动摇。无论未来还会有多少挑战，我都不会改变！

这 30 多年来，我最大的收获就是，拥有一个坚定的信念和一份造福社会的责任。这是由使命带来的收获。

可以说，最好的激励莫过于在造福社会的过程中所收获的成就感。

当我看到消费者获得健康，周围的伙伴获得生活的改变和个人成长的时候，我就会拥有一种成就感。这种成就感给我带来强烈的激励，帮助我克服困难，不断向前迈进。

法则 2

借力，使生活更轻松

人生很短暂，但生活并不轻松，相信每个人都会有同感。

一旦我们以造福社会为使命，肩上的责任与担子就更重了。怎样才能让自己在人生价值最大化的同时，做事更轻松一些？

俗话说，要量力而行。这要求我们务实诚信，从实际出发，要在自己的能力范围内努力，不能眼高手低。但是，该如何衡量自己的能力？

如果你被现有的条件束缚，很多事情不敢做，很多事情又不想做，最终很可能一事无成。同时，因为世界变化快，条件和目标都在发生改变，很可能等你积攒了足够的力量，机会已经溜走了。

要突破这种局限，就要改"量力而行"为"借力而行"。

借力是对各种资源、各种利益的全面量度。而这种量度不局限于现有的，也不局限于自身的。

借力而行，路更宽

所谓借力，就是"借用"自己以外的各种资源，以达成仅依靠自己完成不了或很难完成的目标。因为是借，突破了"我"的局限，由"我"拓展到了"我们"，这一字之差就改换了一片天空。

借力而行，路更宽。

但是，借力并不容易。一方面，借力意识不强。因为人们很难认识到自己的思维有局限、方法有局限、能力有局限。社会上就有不少这样的例子，一个人常常自以为是，以为自己能将所有的事情都做完，想到的总是"自己怎么去做"，想不到的是"如何教他人去做"。于是人们很少会主动想如何发挥和用好他人的强项，结果自己累得要命却感动不了他人，效果自然不明显，也不能持续。

另一方面，借力不容易。找谁借，人家凭什么要借给你，借给你多少，你又怎样去借……这些都是困扰你的问题。

怎么才能借到力？我给大家两个建议：用"参与"借力，

用"共同目标"借力。

参与的威力

有一种借力的威力很大,这种借力叫作参与。它告诉我们,仅仅是让别人参与到有关的事情中来,就可以借到力。

● 我参与、我支持

人们总是愿意支持他们参与的事情。20世纪70年代中期,两位社会科学家约翰·蒂姆和劳伦斯·沃克经过多年研究提出了关于"参与"的理论。

越来越多的人意识到，要想取得人们对某件事情的支持，只要简单地给他们一个参与的机会就好了。参与事情的讨论，说说自己的看法，会让所有参与其中的人感到这件事情与"我"相关，自然而然地把它当作自己的事情。这就好像在人们心目中订立了一个"心理合约"。即使这样的讨论不见得是所有人都赞同的，甚至最终的结果并不是人们都期望的，他们也愿意支持这个结果。

每个人的内心深处都希望自己的所作所为能得到别人的认可，希望自己的意见获得尊重，尤其是对和自己有关的事情更是这样。通过各种各样的形式，让别人参与到事情中来，让他们发表意见，会让人们产生这件事情与自己有关的感觉。

如果你和别人提起一件他参与过的事情，他通常会感觉自己也是这件事情的一分子，于是就会更加乐意贡献自己的智慧、力量和资源，并给予更多的理解和支持。

这是一个很有意思的理论：只要让别人参与，就可以借到力。

● 群策群力

参与还带来另一个好处，那就是更多的人一起考虑一件事情，比一个人单独想问题更周到，这也就是人们常说的"群策群力"。

人们在解决问题的时候，经常会遇到各种挑战：面临的问题根本找不到现成的答案；有时候，已有的知识和经验不够用；甚至有时候，自认为对事情很了解、很有把握、很有经验，却反而把事情办砸了。

这都是很常见的。

因为即使再聪明、再博学、再有能力的人也不可能知道所有的事情，也不可能解决所有的问题。而且一个脑袋常常是不够用的，让更多的人参与进来一起想，把大家的意见加在一起，马上就可以多几个角度，多一些观点，多一些经验。借助大家的参与，集思广益，可以让你在处理问题的时候更加全面、周到、有效。

在现实生活中，运用参与来借力的例子其实有很多。

生活中的"问路"就是一个典型的案例。问路的人通过询问让人参与，回答的人没有检查问路人的身份证、学历证书和资产证明，直接将信息告诉了对方。没有任何资源的人，通过参与也借到了力。

很多公司在准备推出新产品的时候，会通过调查问卷或者访谈的方式，搜集普通消费者的意见，听取顾客的需求和他们对产品的期待。这些意见对新产品的研发很重要，有的时候还直接决定了产品能否获得成功。

有的报社通过举办读者座谈会、开辟读者专栏、短信参与等方法，赢得了更多忠实的读者，效果显著。

运用参与，让大家投入到事情中来，获得大家的关注和支持，汲取大家的智慧，帮助自己多借几个脑袋去考虑问题，这将更利于获得人生的成就。

我们发现，有了参与，借力而行就是这么简单。

心一致，行动一致

有这样一个游戏，名字叫"30人31足"。每支参赛队伍由30个人组成，他们站成一排，然后每个人的左腿都和相邻那个人的右腿绑在一起，接着30个人一起跑过终点，跑得最快的队伍获胜。

这个游戏规则看上去很简单，但进行起来却比一般赛跑难度大得多。因为制胜的关键在于，这30个人要保持步调高度一致。任何一个人步调不一致，比如脚迈错了，跑慢了，都容易导致其他队员摔倒，影响全队的成绩。

什么力量可以让他们的动作如此一致，能让30个人变得像一个人在跑步呢？

答案是共同目标的力量。

● 共同目标是"纽带"

共同目标是团队的黏合剂。拥有共同目标，团队才能做到心一致，只有心一致才能真正做到行动一致，最终发挥团队协同增效的作用。

共同目标是我们的"纽带"。当目标明确时，因为很清楚自己要做的事，你会信心十足，你会排除干扰、克服困难去完成它。共同目标让所有团队成员形成相同的理念和追求，意味着所有人都清楚要做的事，拥有一个共同的努力方向。这样，它就成为团队成员心中一股鼓舞人的力量。

共同目标会产生强大的凝聚力，鼓舞大家为实现共同目标而投入、奉献一切。

就像"30人31足"的游戏，每个人都有自己的跑步习惯，速度也不同。可是，把30个人的脚绑在了一起，也就是把30个人的愿望绑在了一起，他们在拥有了"用最快的速度跑到终点"的共同目标之后，一切就不一样了。大家有了统一的口号和节奏，连抬脚的高度都是一样的，整个队伍就像一个人，动作一气呵成、快速流畅。

所谓心一致，就是大家的心愿、需求、目标一致，从这里开始，才能把大家的力量凝聚在一起，行动才会一致。这样不仅可以借到力，还可以形成合力，无论什么事情都更容易应对。

在工作中我们经常遇到这种情况：要组织一个活动或者运作一个项目，但是当看到需要关注多个环节，需要准备各种物料，还有很多未知的突发因素时，我们难免感到力不从心，甚至心生惧意。此时，借力是完成任务最好的办法，但是怎么借？找谁借？人家会借给我吗？我们又会自然而然地产生各种疑问。

把跟这个项目相关的伙伴或者同事召集在一起，是第一步要做的。接下来，是向他们借力。

如果以"我"为中心去陈述事情、寻求帮助，大家不知道这件事与自己有什么关系,这从很大程度来说已经不是借力而是说服了,这样做沟通的时间长,效果也未必尽如人意。

如果从"我们"的需求出发,看看大家是不是刚好都有组织活动的需要,或者可以从活动中受益,这样就可以建立共同目标,心往一处想,力往一处使,那么得到大家的理解就变得容易许多,借力就由被动变为主动,效率提高了,力量也增强了。这样一来,还有什么事情不能完成!

运用共同目标借力,就像大家坐在同一艘船上,驶向同一个目的地。当大家心一致、行动一致地划桨时,前进的速度就会特别快,划桨的人也会轻松不少。因为有了共同目标,大家更有激情,更有责任心,这就实现了借力。

我想和大家分享另一个故事。

● 合作的力量

每年冬季,大雁总会成群结队地往南迁徙。

在飞往南方的途中,雁群会排成 V 字队形,一方面克服来自风的阻力,另一方面借助彼此间的上升气流,飞行会更省力。大雁在飞行的过程中还会不断调整各自的位置,每当这时,大雁之间就会互相配合调整速度,以便保持队形,飞得更快、更轻松。

相互的默契配合保证了雁群顺利完成万里迁徙的过程。雁群的行为就是"我们"共同参与、形成合力很好的案例。因为有共同目标，成群的大雁借力飞行，协同增效，从而完成了单靠自己无法完成的任务。

然而，它们是靠什么借到彼此的力的？

那就是合作的力量。合作是人们为了实现共同目标通过彼此联合来实现互补互助互惠的过程。因为共同目标可以让大家相互配合，一起出力，共享资源，共享利益，这是一种很好的借力方法。

合作的效果是很明显的，这在很多体育项目中都能体现出来，比如足球比赛。

在赛场上，球队中的所有球员在赢得比赛这样一个共同目标下，彼此分工合作，各司其职，各展所长，相互配合。因为赢得比赛靠的不是个人的技术表演，而是团队之间默契的配合和支持。球员相互借力，相互合作，形成了更强大的整体战斗力。

足球比赛的事例告诉人们一个简单的道理：拥有明确的共同目标是合作的基础，合作又是实现共同目标的保障。

因为合作可以让大家欣赏彼此的差异，集大家所长，协同增效，把各自不同的长处集中起来朝一个方向发力，这样发挥出来的作用往往是最大的，更容易产生奇迹。

合作不仅可以让 1+1 等于 2，甚至还可能大于 2。

其实，我们在现实中要完成的每件事，都可能需要别人的帮忙与合作。合作越多，借力越多，做起事来也就更加容易，共同获得的利益和成就也会越大。不与人合作，你就不能从他人的优点和才能中获益，就会受到自身弱点的束缚。毕竟个人的力量是有限的，与人联合才能壮大自己。在这个快速发展的时代，会不会借力将影响你的生存，而借力离不开相互合作。

● **共赢让合作长久**

我的父亲李文达先生从我们几个兄弟很小的时候就带着我们一起谈生意，让我们接触生意场和商业社会的生存现状，并从他的一言一行中体会怎样做生意。在拜访客户或谈生意的时候，父亲有时也会把"思利及人"这 4 个字拿出来给大家看。他告诉我们：在获得利益的同时也要懂得考虑对方的利益，实现彼此共赢才是最终目的。做生意时，如果把别人的价格压得让他们只能赚一点点或者根本赚不到，别人可能只会跟你合作一次，以后就再也不会与你合作了。这是父亲在与供货商的合作中一直坚持的原则，他总是从长远出发，秉承"思利及人"的理念，与供货商达成长期合作关系，实现共赢。

有的供货商与李锦记合作已经持续三代人了，有的合作关系更是保持了100多年。我非常认同父亲的做法，恪守合作共赢的原则，与所有的合作伙伴一起成长。

无论是在个人、企业还是组织之间，只要拥有共同的目标，那就都是一个利益共同体。

我们在日常生活中考虑与人合作的时候，经常会思考这些问题：

"我们在一起能做什么？大家能从中获得什么？""我能为这件事做什么贡献？别人能为这件事做些什么？"

在合作的过程中，我们在处理事情时还要注意把共赢贯彻于合作的始终，这样的合作才能长久，借力才能长久。

造福社会是一个持续不断的过程，它需要我们找到保证使命达成的有效方法。而借力就能让我们集合大家的力量，协同共赢，找到更多成功的可能性，让实现造福社会的使命变得更轻松。

但是，是不是这样就一定能成功呢？现在有效的经验将来依然有效吗？有什么办法可以不断推进我们造福社会的行动？如何在这个不可预知的时代达成可预知的结果？

带着这些疑问，让我们一起感受创新的加速度。

法则 3

创新,为成功加速

我想，大家都知道这样一个道理：这个世界唯一不变的就是变化。人们面对的世界每天都不一样，而且还在加速变化，以往取得成功的经验在今天未必还能创造辉煌。

人们的需求也在不断变化。曾经流行的事物很快就无人问津，曾经令人满意的事很快就让人不以为然了。是什么推动着人们去改变？每一天都是新的，单靠简单复制过往的成功经验已经不够了。人们需要不断创新来适应新环境，拥有新思维。

人们每一次新的开拓，哪怕仅仅是萌发了一个"换一种方式"的念头，也是那么值得珍惜和重视，因为大至发明小至生活中行事方法的更新换代，都是从无到有的创造，它们所带来的变化产生了更多持续创新的动力。

造福社会是我们一生都需要持续去做的事情，在人生漫长的旅程中该如何坚持这一目标呢？面对时间的流逝、事情的变化，我们需要创新来更好地把事情做成。创新是一个推陈出新的过程，是事物、思想从无到有的发展过程，是我们探寻是否有更好、更适合做好事情的方法的过程。创新为我们带来新视角、新方法和新机会，为我们的成功加速。

创新就是主动求变，创新就是做自己没有做过的事情。

虽然每个人的创新有大有小，创新所产生的价值有大有小，每个人的收获也各不相同，但是你会发现，对所有人来讲，创新都是一件值得兴奋的事情，因为创新可以为成功加速。认识到创新能带来巨大的价值，你就会细心地寻找生活中的创新机会。

更重要的是，创新并不神秘也不复杂，生活的每个细节都可以因创新而变得更好。

发现个人内在的创新潜力，就能让创新帮助你找到比现在更多的机会，帮助你更好地造福社会，更快地收获成功。

谁都能创新

你可能见到过这样的场景：

孩子发现空易拉罐可以种小植物，便像发现了新大陆一样在你面前欢呼雀跃、得意扬扬。

你喜爱体育运动，偶然独创一种适合自己的泳姿，或者新的乒乓球打法，都让你觉得很有成就感。

……

以上这些都是发生在人们的生活和工作中的事情，看起来是那么平常，但是如果我告诉你这也是"创新"，你会不会觉得惊讶？

可能很多人这么想："这怎么会是创新呢？爱迪生发明的电灯，瓦特改良的蒸汽机，或者比尔·盖茨的 Windows 软件操作系统、乔布斯的"苹果"产品，这些才配得上'创新'这个词语。"

"创新是科学家的事情。""创新需要相当高的智慧。""创新哪儿会那么简单，那么轻松！至少得是伟大的发明才能称得上创新。"

这些都是人们的习惯性思维。因为对大多数人来说，创新既陌生又神秘，似乎只是少数天才的专利。

● 人人都有创新意识

心理学研究发现，创新意识是智力正常的人普遍具有的心理潜能。创新意识是人类长期进化的产物，是人类区别于其他生物的重要标志之一。

你感受到自己的创新意识了吗？

有的朋友会问："如果我有创新意识，为什么我没有发明出东西来呢？"

回想一下小的时候，父母教你说话，是不是将所有的话都教给你了？显然没有，可是为什么后来你会说很多话？

其实，这就是人们自身的创新意识在发挥作用。当一个新词语进入脑海时，你的大脑细胞就会自动对它进行筛选和储

存,帮助你吸收和消化,并从中找到与之近似的词语,结合你的现实生活,从而创造出更多的语言。

要进行创新,首先要有解决问题的兴趣和克服困难的决心,这就是创新的动力。问题和困难是每个人都会遇到的。在解决问题时,创新意识就开始工作了,它会为你带来新的视角、新的想法、新的做法、新的观念。

没有意识上的"更新",就没有实践中的创新。

创新意识人人都有,只是有时你没有细心体会而已。

● **创新并不神秘**

最初提到创新,我也和许多朋友一样觉得十分神秘,感觉它高不可攀,甚至觉得与自己无关。但是,在不断体会人生的过程中,我发现这是对创新的误解。

其实,大可不必认为只有做出惊世骇俗的事情才算创新,创新有大有小,内容和形式也可以各不相同,它已经成为人们生活、工作、学习的一部分。任何人随时随地都可能在生活、工作的各个方面迸发创新的火花。它可以是个人生活中一个小小的创意,可以是一篇立意新颖的文章,可以是家庭主妇的新菜式,可以是一个新词语,也可以是一种看事物的眼光。无论是一种新思维,还是一项新发明,或是一种新的做事方式,都是创新。

创新作为人们生活的一部分,是人们与生俱来的能力。这种能力人人都有,只是水平高低、作用大小不同而已。

你可以发现,无论是社会制度的革新、伟大发明的出现,还是对一条计算机程序的修改,都能为社会进步做出贡献。而这些大大小小的新成果都是每个人适应变化、不断创新的结果。

创新带给你新观念、新思路,让你的工作效率更高,让你变得与众不同。当人们都能发挥生活中的创新能力,并将其培养成一种好的习惯时,整个世界就会变得更加美好。

培养创新意识

● **创新意识可以培养**

有时,我们做不到创新是因为太多的条条框框限制了我们的思路。在培养创新意识的时候,我们可以尝试用"反传统""反逻辑"的方式来思考,就像每天都走一条路,你可以尝试换另一条路走,这实际上就是实践创新。

你可以通过提问培养创新意识,比如:

如何提高工作效率？

有没有更快捷的方法完成任务？

是否有更简单的方法解决问题？

有哪些框框可以被打破？

……

简单来讲，就是多动脑子，因为脑子越动越灵，智慧也会源源不断。习惯用脑，就更容易"触类旁通"。一旦你养成了善于思考的习惯，创新自然就变得容易起来。

创新最好是多人参与。首先需要一个良好的创新氛围，在这个氛围中立下规矩，大家共同遵守。例如，在"头脑风暴"的过程中每个成员都要做到三点：注意倾听，什么意见都可以提，不允许反对。

有了规则，我们就能建立良好的创新氛围，好主意、新办法就能产生了，创新也就不难做到了。

● **为创新而付出，因创新而获得成就**

确实，创新不神秘，但存在风险。它是一种艰辛的智力劳动，甚至还要付出一定的代价。一方面，创新是观察力、记忆力和想象力等因素的结合；另一方面，创新的过程往往会伴随不同的困难,需要强烈的动力、顽强的毅力和积极的心态。

有些取得成功的伟大人物不一定是最聪明的,但他们的强烈兴趣和顽强毅力却是十分突出的,正是这些使他们成功,让他们做出伟大的创新。

明白了这些,对我们运用创新意识去做人和做事有很大的帮助。

创新不是一句口号,而是社会发展对我们的内在要求。要用创新适应变化,创新给我们带来惊喜,这份惊喜带来的成就感又激励我们不断创新。

你的每个小创意可能就像爱因斯坦做的第一张小凳子、达·芬奇画的第一个鸡蛋那样歪歪扭扭,但只要持之以恒,你就可以做出大成绩。事实上,每个大发明都来自小创意,每个人的小进步也会对社会的进步起到推动作用。

成功的机遇总是平等地出现在每个人的面前,但是机遇会偏爱那些有准备的头脑。

是否能把握机会,加速成功,首先在于你是否有一个有准备的头脑,即是否有创新意识,是否相信自己有创新的潜能,是否能在实践中展现和发展自己的创新能力。

要相信你自己有创新意识,而且创新的潜能是无限的,可以通过适当的形式得到开发。

只要经常做自己没有做过的事情，你就会不断地"突破"；只要能坚持"突破"，敢于尝试，你就一定会有意想不到的收获。

我的创新实践

● 爸爸在创造历史

有一天，时间已经很晚了，我风尘仆仆地赶回家。像往常一样，我走进女儿的房间去看她。已经睡在床上的女儿睡眼惺忪地问道："爸爸，你整天在忙什么？"

女儿出生的时候恰逢我在内地的事业刚刚开始，这期间我忙于工作，与孩子待在一起的时间比较少。所以，女儿自然会这么问，在那一刻，我不假思索却深有感触地告诉她："孩子，爸爸在创造历史。"

因为我心里很清楚：我们所经历的每一天都会成为历史，将每一天汇集起来就组成了我们生命的历史，而所有历史都是由我们自己去书写的。过去无法改变，但未来可以由我们自己去创造。简单地讲，这就是"创造历史"。

要让自己的历史有价值，让生命更有意义，我们就要努力为社会创造利益。我们一定要通过自己的努力，在生活的实践中让自己未来的每一天都与过去有所不同、有所提高，让自己这辈子不断做得更好，做更多对社会有意义的事情。

诗人歌德曾经写道："你若要喜爱你自己的价值，你就得给世界创造价值。"

"创造历史"让你感到责任的厚重，体会生活被赋予意义的充实，让你每天都积极向上。

这30多年来，"创造历史"促使我在做人和做事方面积极探索，认真实践。因为时代在变化，在教育子女、管理企业上我需要创新，在面对未来的不确定性时，我更需要创新来找到解决办法。

1992年我刚从事中草药健康产品产业时，没有太多的经验，也没有可以照搬照用的方法，一切都要靠自己的摸索和创造。

事业刚开始，我们就遇到了销售困难。一天才卖出一盒产品，3个月总共才销售了价值3万元的货物，结果整个仓库都堆满了货。我们只能将所有的货都收回来，暂停运作，员工放假回家。我用了两个月的时间来思考。那时，是创造历史的信念鼓舞着我尝试应用新的营销方式。这种做法产生了很好的效果。短短几年，我们就进入行业的前列。

1998年，我们的事业因为外部环境的变化陷入低谷，但我们没有退缩。一方面，我们想方设法扭转局面；另一方面，我们运用一些策略思考方法，大胆创新，进行中长期战略规划，举办各个层面的策略研讨会，征求大家的建议和意见，让大家认识一致、行动一致。结果，我们提前一年半完成企业的第一个五年计划，在这三年半的时间里，公司的销售业绩年年成倍增长。

30多年来，在中草药健康产品产业上的创新实践成为我人生难能可贵的经历。正是这份为使命而创新所带来的成就感，激励着我和合作伙伴不断前进，去实现一个又一个目标。

● 用"爽指数"给感觉打个分

在日常生活中，我观察到，每个人在不同的情境中、在遇到不同问题时，情绪都会发生微妙的变化，有时候这些变化会直接体现在言行中，影响生活和工作的质量和效率。

关注对方的这种感受变化，是我们把事情做成功的一个重要环节。但是，对方的感受是内在的，我们怎么才能看到呢？有没有一些创新的方式来解决问题呢？

我创造了这样一个衡量指标——爽指数。

什么是"爽"？这是人们对身心舒服、感到愉悦的一种通俗表达，代表了人们的内在感觉。赋予"爽"以具体数值就构成了"爽指数"。

听到这里,你可能会疑惑:

"爽"这么感性的状态也可以被量化吗?

每个人因为什么"爽",在什么时间"爽"都是不同的,真的可以衡量吗?

这些问题问得都很好。但我们也知道,如果让每个人在不同的时间点上用数值来给自己的"爽"打分,其标准是基本一致的。从长期来看,这个分值会随着情绪的波动而变化,这个变化可以成为我们衡量他人感受的"温度计"。

具体做法是,用1~10分来反映"爽指数"。1分代表非常不爽,10分则表示非常爽,每个人选择其中的某个数值来代表自己当前的感受。这个"爽指数"衡量的范围很广,可以是当前工作上的压力情况,可以是生活中的开心与否,可以是健康、家庭、事业这三者关系的权衡。只要是影响心情的各种因素,都能用"爽指数"来衡量。

我曾经趁着休息的时候,在全国政协会议上和参会的政协委员一起玩测量"爽指数"的游戏,我还记得一位政协委员伸出双手的6个手指告诉我他当时的"爽指数"。

在公司，我们会定期询问各部门的"爽指数"，如果某位员工的"爽指数"由 8 分掉到 5 分，主管就要看看造成他心里不舒服的原因是什么，看看如何帮助他进行调整，提高他的"爽指数"，也就是提高他的工作满意度。

重视周围人的心情将影响你做事情的各个方面。"爽"是一种感觉，如果大家都"爽"了，那么做事情的氛围就会很不一样。

将"爽指数"用于关注家人、朋友的心理状态，对我们自己也很有益处。经常测试"爽指数"，表达我们对他人和自己的关心，也提醒我们及时调整心情，把"爽"的感觉保持下去。

当我们站在历史的高度看待自己的人生价值，把自己的人生和造福社会紧密地联系在一起时，我们就会有源源不断的创新动力，我们获得成功的速度就会不断加快。

有了创新和我们一路同行，我们的人生才会放射出璀璨的光芒。

小 结

　　使命帮我们找到人生的坐标，只有清楚自己当下的位置，才能树立坚定的信念，才能有源源不断的动力。

　　借力能让我们集合大家的力量，协同共赢，找到更多成功的可能性，让造福社会的使命更容易实现。

　　创新是我们探寻更好的、更适合做好事情的方法的过程。创新为我们带来新视角、新方法和新机会，为我们的成功加速。

　　造福社会可以使"我"走进"我们"，为我们提供明确的方向和行为法则，让我们拥有源源不断的动力。

第三部分

原则二：务实诚信

务实和诚信是人在社会中生存和发展的最根本要求,是立人之本,是人与人交往中的基本原则。要成就一生,"我"离不开"我们"。

我小的时候,父亲常带我去谈生意。我总能感觉到他待人做事的诚恳、认真和守信用。父亲用他的言传身教把思利及人这个重要原则传递给我们——做人要务实诚信。在李锦记集团130多年的发展历程中,不管遇到多大的困难,我们都坚守这个原则。它使我们平安地度过了一次次的风险和挑战,赢得了顾客和合作伙伴的信赖,实现了自身的不断壮大和发展。今天,务实诚信已成为我们世代相传的价值观。

什么是务实诚信？

我的理解是，务实就是一是一、二是二，尽可能地和客观相接近，实实在在地做事情。

在我女儿小的时候，我常常给她们讲"龟兔赛跑"的故事，让她们从故事中体会做人的道理：乌龟的可爱和智慧就在于"实在""老实"。在生活中，往往是那些看似普通却可以一步一个脚印工作的人能很好地把事情做完。

诚信，是人与人交往最基本的原则。如实地说出自己的工作情况，承诺的事一定要做到；在获得了别人的认可之后，经常检查自己是不是真的做到了，这些都是诚信行为。

中华民族是一个有着诚信优良传统的民族，即使是在市场经济高度发展的今天，人们对诚信的要求也丝毫没有降低，反而更高了。

没有诚信，别人就不知道你说的话是真是假，不知道你真正的意图是什么，也就没有办法相信你。一个不被相信的人，是没有办法得到别人的真心对待的，人们只会远离你。

要成就一生，实现最大的人生价值，"我"离不开"我们"。

我们不妨换位思考一下：你在与人打交道的时候，最愿意和什么人合作？最愿意相信什么人？

实力、经验、能力、性格等因素都很重要。但有一点是最根本的，那就是要诚实可靠、说到做到、负责任。因为你会觉得和这样的人合作更放心，他能把事情做好，不会辜负你的期望。

所以说，务实和诚信是人在社会中生存和发展的最基本要求，是立人之本。

我的体会是，要做到务实诚信，有三点很重要：管理好自己，对自己负责任；学会取舍，聚焦能量；尊重事实，言行一致，说到做到。

法则 4

自律，做最好的自己

要做到务实诚信，首先要使自己成为一个自律的人。

自律能力强的人让人感觉更可靠，容易获得更多人的信任，从而赢得更多的机会。而有的人往往因为日常生活中一些事情、一个动作没有做到自律，让别人失去了与之合作的信心。

大部分交通事故都是由于违反交通规则造成的。那一刻的不自律往往会造成严重后果，甚至付出生命的代价，让人追悔莫及。

一些学生不自律，本来该专心听课、认真复习，可是把时间和精力花在了其他地方，结果该学的没学到，重要的考试没考好，白白浪费了宝贵的青春年华。

聚会时有人提前到，有人准时到，也有人迟到。你愿意和经常迟到的人打交道吗?

第二天要见一位非常重要的顾客,前一天晚上你该怎么度过呢?是在家里精心准备,还是出去娱乐一晚?自律的人和不自律的人有不同的选择,当然也会收获不同的结果。

每个人的自律能力不同,在面对事情时做出的选择就会不同,收获的结果也会不同。而这一次次的选择积累起来,就构成了我们不同的人生成就。这就是所谓的"种瓜得瓜,种豆得豆"。

自律是一种积极的自我控制和自我管理,它让你在生活中时常保持清醒的头脑,做出合理的选择。这一次又一次的选择让你取得他人的信任,凝聚"我们"的力量,让你的人生发生改变。

有一位名人说过:"那个激发你去努力实现每个理想的关键因素,不是你有多大的才能,不是你接受过什么正规的教育,也不是你有多高的智商,而是你能否自律。做到自律,一切皆有可能;做不到自律,即便是最容易实现的目标,也会沦为一个遥不可及的梦。"

可见,自律有多重要。

我将和大家分享4个自律的方法:对自己负责、先定目标再行动、以身作则、外圆内方。

对自己负责

为什么我们要对自己负责？

面对这个不断变化、压力重重、充满诱惑甚至有些无奈的世界，我们可以对自己负责吗？我们怎样才能做到对自己负责呢？

多年前，我看到了这样一篇关于"石头"的故事，深有感触：

一天，石头被扔向窗户，打碎了玻璃。

这时窗户责怪石头："你真是太粗鲁无礼了，为什么要打碎我的玻璃呢？"

石头很委屈地说："窗户啊，不是我要打碎你的玻璃，我也是被扔出去的。"

窗户还是有点儿生气地说："难道我就只能等着被你打，没有任何办法吗？"

石头听了之后笑笑说："窗户啊，如果你的玻璃坚不可摧，那么我还能打碎吗？"

这是一个很形象的比喻。在生活中，我们都会经受许多

"石头"的袭击,而我们的内心就是"玻璃"。

这个比喻说明了一个道理,我们在"石头"袭来时应该有怎样的态度——是责怪"石头"还是去思考怎样把自己这块"易碎的玻璃"变得"坚不可摧"呢?

我们的态度决定了我们做出的选择,这个选择会影响我们如何对自己负责任。一个对自己负责的人,自然会对自己所做的事情负责任,也会对自己的家庭、组织、朋友负责任,这样的人更容易把事情做好。因此,别人愿意信任他,把事情交给他,投入资源去支持他,主动找他合作。这样的人当然更容易成就一生了。

我们不禁会问,对自己负责真的有这么神奇的力量吗?这个力量是从哪里来的?

我们可以先从责任谈起。

● 责任无处不在

在社会中,人不可能脱离责任而存在。

你在社会上承担不同的角色,就有不同的责任。父亲要对子女负责,企业家要对企业的发展和员工负责,医生要对患者负责,公务员要对人民群众负责,中华儿女必须为中华民族伟大复兴承担义务、做出贡献。如果大家都能够对社会承担责任、履行义务，那么社会就会得到支撑，就能和谐、进步和发展。

什么是责任？

简单来讲，责任就是分内的义务和事情。这个分内的边界可以是法律规定我们必须做到的，可以是社会道德要求我们应该做到的，还可以是受自己的使命和核心价值观的驱使愿意做到的。这个分内的边界还可以是用"我们"的范围作为边界——家庭、组织、朋友、社会。"我们"有哪些人，责任的边界就在哪里。和"我们"打交道，是你每天生活的一部分。你会发现，其实你的责任无处不在。

如果你把造福社会当成自己分内的事，"我们"的边界就更广泛，责任就更大了。

● 做一个对自己负责的人

我对他人负责，谁来对我负责？我对他人好，他人的收获和我有什么关系？我总是在付出，却没有得到回报，我为什么还要对别人好？我的收获在哪里？我能够坚持下去吗？

父母辛辛苦苦地抚养子女，用一辈子的努力让他们受到很好的教育，有一份好事业，过上好的生活。父母未必想从中获得什么，但是孩子的成长和成就给父母带来了喜悦、骄傲、欣慰，还有未来的保障。这是孩子对父母最好的回报。

司机开车时为行人的安全着想，就是在为自己的安全着想。教师教育学生，学生的成就就是教师的成就。企业为客户提供优质的产品，在满足客户需求的同时，企业也在不断壮大与发展……

站在"我们"的角度，你会发现"我们"是一个整体，我和他人都是"我们"的一部分。我努力为他人创造价值，就是在为自己创造价值。我们对他人负责，就是对自己负责。

然而，在生活中，我们常常感到对自己负责很不容易。

当遇到不顺心的事情时，当与家人、朋友产生矛盾时，当面对客户的抱怨、上司的责备、同事的不理解时，当受到不公平的对待时，我们都会感受到巨大的压力，容易产生抱怨、沮丧、愤怒的情绪，甚至不知所措。我该怎样对自己负责呢？

你是你自己生活的司机、生命的主人，你的人生由你做主，没有人能够代替。所以，对自己负责是你本就应该做好的事情。你如果内心足够坚强，就不容易受到外界的干扰，也能降低外界干扰对你的影响。对自己负责会让你积极思考、主动行动、减少抱怨，会让你客观地处理问题，全力以赴地做好事情。

一旦选择做一个对自己负责的人，你就把握了生活的主动权,把重点放在加强心理的"玻璃"上,积极面对,提高自己的适应能力,让自己越来越强大,增强抵御能力,不再那么容易被"石头"伤害。

一旦成为一个对自己负责的人,你就会坚持自己生活的方向,为自己的未来而努力,为每天的生活做好规划。然后,你充满爱心,对人宽容,做事积极主动,诚实正直。你对生命的态度会传递给他人,别人会放心地把事情交给你做,愿意和你合作,为你提供机会和帮助。

● 永远都有选择的自由

也许你会问,我可以成为一个对自己负责的人吗?我可以不那么容易受伤害吗?我能在遇到困难和诱惑时坚持下来吗?我能对自己的生活有掌控权吗?我可以做到吗?

当然可以,因为你有选择的自由。

在追求梦想的过程中,我们会不断地遇到挫折和挑战,这些都是外界的"刺激"。然而,如何对待"刺激",做出哪些"反应",有巨大的空间供你选择。这是你与生俱来的权力,是你的自由。随着你阅历的增加,能力的增强,经验的累积,你选择的能力就会提高。人们在面对日常生活中的各种"刺激"时,拥有很多选择不同"反应"的机会。这些不同的选择决定了不同的人生。有句话说：今天的你，是由过去的你所做出的无数个细微的选择决定的；你今天做出的无数细微的选择，也将决定明天的你是什么样子。

有人没有看到这个巨大的选择空间，没有使用自己的权力，而是选择放弃主宰自己命运的权力，在满腹牢骚和唉声叹气中度过自己的一生。

约翰·库提斯是一个天生严重残疾的人。他一出生就被医生宣布死亡，17岁时双腿高位截肢，成了一个真正的"半人"。他应该最有满腹牢骚和唉声叹气的理由吧？但他以拒绝死亡来挑战医学观念。他没有腿，也不依靠轮椅，而是坚持用手走路。他凭着惊人的毅力获取了板球、橄榄球二级体育教练证书，还考取了驾照，现在他和美丽的太太、一个6岁的儿子幸福地生活着。他去过190多个国家，受到南非总统曼德拉的接见。他的演讲震撼人心，每到一处都能掀起泪海与热潮。

约翰·库提斯的经历告诉我们，任何时候人都有选择的自由，正是这个自由使人可以掌控自己的人生和成长道路，成为自己生活的主宰。有人之所以能成为高效能人士，正是因为他在挑战面前选择了自主的"反应"，化险为夷，变被动为主动，掌握了自己的命运。

你会做出什么样的选择？把自己人生的遥控器交给别人，

还是成为一个对自己负责的人,掌握自己的人生?

对自己负责是成长的开始。一旦你勇敢地选择了对自己负责的生活方式,你就拥有了强大的力量。这种力量可以让你克服一切困难,实现自我价值。

当你掌握了自己人生的主动权时,你还需要对自己的工作和生活进行合理的规划。它带给你的不仅仅是一种方向的指引,更是实现人生价值的强大动力。这就是自律的第二种方法:先定目标再行动。

先定目标再行动

为什么有的人总是很有激情,每天都精神饱满?为什么有的人每天一睁开眼睛就知道自己今天要做什么?为什么有的人总是过得很充实?过了几年以后,你发现这样的人往往都小有成就。到底是什么让他们有这样的动力?

这又让我想起小时候与父亲一起去参加葬礼的经历。

人们在"盖棺论定"时所希望获得的评价,就是其心目中真正渴望的目标,也是人生的最终期许。不妨提前设想一下,在生命走到尽头时,你希望自己得到什么样的评价?对他人产生什么样的影响?留给世人什么东西?经过这样的思考，从现在开始就会有一股力量推着你朝着这个方向努力，你的人生结果会有很大的不同。这种力量就来自"先定目标再行动"。

先定目标再行动是在着手做事前先认清方向，把既定的目标作为行动的指引。

确立可行的目标可以让你把劲儿往一处使，把精力集中到重要的目标上，鞭策自己挑起重担，不用等着别人来激励或敦促，你就能着手工作。

确立目标可以提升创造力。头脑中有了明确的目标，你就能集中精力，寻找创造性方法。有创造力的人会更主动地为眼前的困难多寻求一种解决办法。

确立目标可以让你有清晰具体的行动方向，通过达成一个个小目标获得成就感，这些成就感又会激励你坚定地继续行动。

1984 年，在日本东京国际马拉松邀请赛中，一位名不见经传的选手出人意料地夺得了世界冠军。在接受记者采访时，他讲述了自己的获奖经验："每次比赛前，我都要乘车把比赛的线路仔细地看一遍，并把沿途比较醒目的标志画下来，比如第一个标志是银行，第二个标志是一棵大树，第三个标志是一座红房子，这样一直画到赛程的终点。比赛开始后，我就以最快的速度奋力地向第一个目标冲去，等到达第一个目标后，又以同样的速度向第二个目标冲去。每跑过一个目标，我就给自己设定下一个目标。40多公里的赛程，就这样被我分解成几个小目标轻松地跑完了。"

这位马拉松运动员的经历，仿佛模拟了我们的人生。在人生的长跑中，我们也需要为自己设定一个一个的小目标，全力以赴，实现这些目标从而获得成就感。就像这位运动员一样，不断地保持快速奔跑，用每跑过一个目标所获得的成就感激励自己产生源源不断的动力，不断释放潜能，最终赢得精彩的人生。

● **目标保证你能做对事情**

我们在小学的时候就知道中国有"四大发明",其中一个发明便是指南针。这个看似小巧的东西却推动了世界航海技术的发展,成就了"郑和七次下西洋"的壮举,开辟了世界航海史上的新纪元。为什么这么一个小小的指南针可以给世界带来如此大的改变呢?因为它可以指明方向,让你不迷路。

这一点我在工作中也深有体会:

《孙子兵法》用"道、天、地、将、法"来开篇,这让我记忆犹新。这里所说的"道"是指上下一心、共同的目标;"天"是指外部环境;"地"是指内部环境;"将"是指点将,也就是我们今天所说的"选对人才";"法"是指具体的做法。

从中我得到的启发是,《孙子兵法》里面的"道"可以理解为目标。凡事就是要先确定"道",明确出发点,做到上下一心,共同实现目标;再来寻找"将"——负责人,并和"将"一起确定怎么做的"法"——具体方法。这个逻辑很简单,也很有效。所以,现在我们无论做什么事情,都很自然地先从"道"开始,让大家都明确目标和想要的结果之后,再讨论具体的方法。这样做最大限度地保证了结果的准确性。

把你的目标讲出来

甲:"你有没有目标呢?"

乙:"有。"

甲:"那你的目标是什么?"

乙笑而不答。

甲:"是不是不方便说?"

乙:"是。"

甲:"为什么不方便说呢?"

乙:"我不是不想说,我是怕说出来做不到,害怕自己丢脸。"

在生活中,我们经常会听到这样的对话,一些人自称"我有目标",但是当问他目标是什么的时候,他又往往含糊其词,或者用"不方便说""顺其自然"来敷衍了事。

明明定了目标,为什么不敢说出来让他人知道呢?

"不方便说"是对完成这个目标没有足够的信心,也就是说没有坚定的信念,这样的目标多半只能成为空话。所以,"先定目标再行动"还有一个重要的环节,就是分享目标——把你的目标讲出来。

把目标讲出来，有什么好处呢？

把目标讲出来，会增加自己完成目标的必胜信念。这种信念越坚定，自信心就越强，其他人才会更相信你，甚至用同样的信念来支持你把事情做好。

把目标讲出来，让更多的人知道你的目标，这也是一种邀请他人参与的方式。他人在了解了你的目标后，会自然而然地认为这个"目标"和他自己有关系，当你在实现目标的过程中需要帮助的时候，这种先入为主的"情感"会让你更容易借到力。

当然，把目标说出来是需要勇气的，因为说出口的目标就是一种承诺，就是在向他人宣告"现在看我的行动吧"。这仿佛是把自己放到了悬崖边上，但别忘了，我们在说出目标的时候，已经表现出对实现目标的自信，而且那种"说出口"的勇气将坚定我们一定要做到的信念，这将进一步激励我们把目标变为现实。

人生需要目标，目标是努力的方向，也是一种鞭策。就像跳高运动员，有了横竿作为目标，才可能向这个目标冲刺。没有横竿，再好的跳高运动员也不可能取得好成绩。

人生的海洋宽广而深邃，有了目标才不至于陷入迷途，在惊涛骇浪里迷失方向。明确的目标是指引人生的指南针，主动权就掌握在自己手中。

以身作则

有了目标不代表一定能成功,行动也很重要,尤其是在这个目标需要他人参与完成的情况下。怎样才能让别人信任你、支持你,和你一起达到目标呢?

先从自己做起。

以身作则就是以自己的行为为榜样,要求别人的事情自己要先做到。

俗话说,说得好不如做得好,这是因为说易行难。事实上,在生活中我们既要说得好也要做得好。"以身作则"这一行为直接把"说"和"做"连接起来,不仅是一种自律,还能帮助你取得他人的信任。你只有先做到了,才有信服力。

每个人在社会上都担任一定的角色,不同的阅历、资历以及社会地位产生的影响力也不同。

如果你是某件事情的领头人,或是在领域内有影响力的人,你的率先行动往往还具有权威性和号召力,能更有效地影响他人一起行动,推动事情的进展。你的影响力越大,以身作则的效果就越明显。

以身作则,胜过千言万语。

以下是我的亲身经历。

● **家族企业的传承与发展**

中国经过 40 多年的改革开放，家族企业广泛存在于各行各业，在国民经济占比、创造就业等方面都发挥着重大作用。目前，大部分家族企业还是由创业者执掌，仍然处于第一阶段。但在未来的 5~10 年，如何顺利实现传承与发展，将成为中国家族企业不得不面对的问题，也将影响国民经济的发展。

我作为百年老店李锦记的第四代传人之一，深切感受到家族在企业传承中的重要作用。李锦记的发展经历了两次大的分家，使企业面临负资产的境地。20 多年前，我们开始研究如何延续家族企业，实现家族传承。李锦记家族通过多年的实践，对家族企业的传承有了一些认知和感悟。

中国有句老话，"家丑不可外扬"。但如果将李锦记家族的演变过程和认识分享出来，能让更多的企业从中获益，这个影响和意义就是巨大的。我决定以身作则，带头分享，期望推动中国家族企业持续发展，推动中国经济持续发展。

我们牵头搭建了一个平台，在这个平台上开展各种形式的调研、考察、论坛和交流活动。同时，我还积极参与由国家相关部门及社会各界组织的关于家族企业传承研究的各类活动。我把李锦记家族多年积累下来的相关认识和方法，在各种场合分享给社会各界人士。

参与其中的家族企业代表对我们的做法都很认同。有些知名家族企业家表示，也要建立一个类似机构，成为中国百年企业的探索者。

生活中的道理也是一样，以身作则是自律的重要一环，它能很好地帮助你管理和调整自己的言行，帮助你获得信任，建立良好的人际关系。

● **以身作则是自信的体现**

以身作则是自信的一种体现。人们愿意做一些自己相信会实现的事情，而不相信的事情就算开始做了，也往往不会全力以赴，甚至根本不会去做。

当一个人对自己的目标充满信心时，信念的力量就会增强，而这种内在的原动力会促使他更愿意为目标的实现付出自己的努力，并愿意发挥带头示范作用。

在实践目标的过程中，以身作则可以更好地表明自己的态度，强化自己的主张，证明自己的信心，让别人可以透过行动了解你的为人，相信你做的事，支持并跟随你，汇聚"我们"的力量，取得更大的成就。

在生活中，凡事以身作则，会很自然地释放出一种信心，向他人证明这个目标的可行性，以及你所做决定的正确性，你会更容易取得他人的信任、认同和支持，他们也更乐意与你合作。

因此，成就一生就要一直以身作则。它需要你不断坚持，不断实践，以实际行动应对周围的变化，让别人对你保持信任的态度。

外圆内方

我们身处一个不断变化的时代，面对纷繁复杂的事物，怎样才能学会分析、懂得辨别、坚持自律呢？与我们打交道的人千差万别，我们怎样和他们愉快相处，吸取不同的能量，获得更多的合作机会呢？

这就需要我们学会外圆内方。

对自己负责、先定目标再行动、以身作则这些都是自律所必需的，是需要严格遵守的原则，这就是常言所说的"方"。

人与人交往，要相互尊重，关注他人的感受，欣赏差异，甚至还要允许他人犯错误，这也是必需的。这种灵活的处事方式，就是常言所说的"圆"。

做事的原则不改变，待人处事的方式要灵活，这就是所谓的"外圆内方"。

只"方"不"圆",是你在对自己负责、赢得他人信赖的问题上很容易走进的误区。"圆"不是圆滑,也不是无视原则,更不是违背原则,而是为了更好地做到"方"。

这一节,让我们来具体谈谈什么是"方"和"圆"。

● "方"是做人之本

有人说,决定人生成败的根本正是来自你心中不变的原则。为什么"原则"有这么强大的力量?

原则是人们交往和生活的基本法则,原则是那些不辨自明的真理。公平、正直、诚实、民主等都是人们常说的原则。

一个心中有原则的人，不会被外人和外力左右，能够抵御外部的诱惑和冲击，仿佛体内被注入了免疫力，做起事来是非分明、正直可靠。在得到他人尊敬的同时，也更容易取得他人的信任。

坚持原则是做人最稳定、最牢靠的基础，每个人都需要坚持原则。

但是，坚持"方"也不是"铁板一块"或教条主义，而是要灵活运用。与人打交道，对每个人的重视、尊重和认同都是非常重要的。

● "圆"是处世之道

这里强调的"圆"，意思是善于换位思考，关注对方的感受，做人和做事懂得以人为本，灵活运用方法，善于理解和包容，为彼此留有空间。

"外圆"是建立在"内方"的基础之上的。假如"有圆无方"，就变成了圆滑。这样的"圆"毫无原则、投机取巧、见风使舵、虚伪做作，无法赢得他人的信任。

"外圆"也是"内方"的体现。只有充分理解和坚守内在的原则，才能保证做到不偏不倚。"外圆"得当，紧紧围绕"内方"而变化。

水从不抱怨身处何处，不论是高山、河流、湖泊还是大海，也不抱怨承载它的容器，不管是在盘子里、水管里、杯子里还是碗里。不管身处何处，它总能保持水的状态、水的特性、水的根本属性。这就是"外圆内方"的最高境界——能适应各种不同情况又能坚守原则。这就是人们常说的"上善若水"。

怎么做好"圆"？

我对"外圆"的体会，最初源于少年时期在美国读书时的经历。因为寄宿在学校里，我能接触到来自世界各地的学生。在与他们的交往中，人与人之间的差异表现得格外明显。有时，你对一个人直接的赞美会被当作尊重和喜爱；而换成另外一个人，他可能会觉得你是在嘲讽和讥笑。所以，这使我明白了：表达内心的观点，一定要学会"圆"。尊重同学们的文化习俗，用不同的方法处理不同的事情。我用"圆"的方式与人交往，结果事半功倍，赢得了信任，并广交朋友。

思利及人需要关注对方的感受，欣赏差异，为人处世善于用教练式而不是家长式的方法。这些都是"圆"的具体表现。

比如，有时候虽然你说的是对的，可是由于表达方式不对，本来的一番好意并没有带来预期的效果，反而增加了彼此的误会。而如果你懂得运用"圆"来思考，在沟通时用对方能接受的方式，同时注意他人的感受，你所要表达的意见就能更好地被接受和理解。

"外圆"这种关注对方感受的灵活处事方式，可以使你恰当地做出自我调整，尊重人性又不违反原则，使他人相信你不仅是一个有原则、靠得住的人，而且是一个懂得尊重人的好伙伴，因此做起事情来就会更加顺利。

● **女儿出国前的教育**

在我大女儿去国外读书之前，作为父亲，我应该对女儿嘱咐几句。

女儿在国外读书，要独立生活，独自面对形形色色的人和很多难以预见的事。而我最担心的是，女儿正处于成长和形成独立意识的时期，容易受到外界不良因素的诱惑和刺激，容易走歪路，让自身受到伤害。

外界的变化无法预知，只有让女儿拥有坚定的原则，才可以让她在发生困惑的时候懂得思考和借力，在是非面前懂得分辨和判断，在结交朋友的时候懂得真诚和选择。

所以，我对女儿说，读书很重要，但做人更重要。特别是出国读书，父母不在身边，生活中遇到问题也不能及时得到我们的帮助。但是，只要坚持为人处世的原则，她自己就能把事情解决好。除了生活中必须坚守的基本原则,我还特别强调要与人友好交往,告诉她做人和做事首先要思利及人,在学习之余注意健康,生活平衡才能走得更远,要善于关注别人的感受……我将这些必修内容传授给女儿,让女儿懂得了"方圆"之道。我相信,这对她未来的成长一定会起到重要的作用。

人生在世,要做一个"外圆内方"的人,把握好"方圆"之间的平衡,能帮助你更好地调整自己的行为,让你既能够照顾他人的感受,又拥有自己的立场,从而赢得他人的尊敬和信任,最终达至双赢的效果。

法则 5

专心,汇聚能量

想做的事情很多，可是资源有限，怎么办？哪些事情要做，哪些事情不做，应该如何取舍？有没有一个简单的标准？当你把全部的能量集中到一件事情上并坚持下去时，你知道会有怎样的收获吗？

玩过用放大镜点火的游戏吗？我小的时候玩过。

把放大镜放在阳光下面，找到焦点，光线汇集一点射在纸上，不久，纸就着火了。把太阳光线聚集在一个点上，会产生比平时晒太阳大得多的能量。

砍树也是一样的，斧头总是向着一个点用力，树干就会一点一点被砍断。把力量反复用在一个点上，再粗壮的树也能被砍倒。

专心才能做到最好

常常听到这样的抱怨：竞争激烈，困难很多，自己的能力有限，资源也有限……很多人把这些当成事情做不好、目标达不到的理由。

每个人的能力、精力和获得的资源都是有限的，要成就一生，必须运用一个法则——专心。专心可以汇聚能量，把一件事情做好，把一个目标达成，获得最佳的效果。

当专注于一件事情的时候，你会全心全意、全力以赴。不管是策划一次重要的活动，是参加体育比赛，还是制定一个战略目标，又或是去旅游，也不管你是什么年纪，受过什么教育，有什么技能，只要集中精力，你就能比平时表现得更好，甚至成就卓著。

同时，当你专攻一行或一个目标时，你会用心关注做事的每个细节，思考每个步骤，这样坚持下去，所有的学习、理解和行动都会熟能生巧，你就能最大限度地发挥优势。各行各业的专家所获得的成就都是专心做事的结果。

所以，当你所做的事情很重要且要完成的目标很有意义的时候，你就更应该专心。把有限的能量投到最重要的事情上，能量就可以得到最有效的发挥，创造的价值会最大，人生也可以因此少走很多弯路。

专心也是务实诚信的一种表现。专心，自然就会认真地对待事情，脚踏实地，不分散投入有限的资源，一心一意将事情做好。成功就是由做好每件事情积累而成的。

"舍"是一种智慧

为什么真正做到专心并不容易？我们如何抵御这个世界不断制造的各种各样的诱惑？资源和能力总是有限的，到底做什么才好呢？

● "1" > "7"

我20多岁的时候有很多志向，总觉得自己能同时干好很多事。那个时候，我看到一个机会就会立即行动，最多的时候身兼七职，财务、地产、饮食等都有涉及。

刚开始的时候我觉得很过瘾，似乎每份工作都进展得很顺利。可是，慢慢地，我发觉工作越来越吃力。一年下来，我总是顾得了这边顾不上那边，精力分散了，资源分散了，整天忙得要死，但每件事情都做得不到位，样样都只能做到60分。

后来，我冷静下来，开始思考：这样下去不行。如果不改变，我就会像无头苍蝇一样到处乱撞。即使竭尽全力我也不可能同时把7件事情都做好，还白白地浪费了资源。于是，我痛下决心，致力于发展蕴含中华优秀养生文化的健康产品产业，把其余的6件事情都放下。很快，这件事情就有了很大的起色，它带给我的收获比同时做7件事情要多得多。

这段经历给了我很深的体会。它让我真正开始领悟"舍"的重要性。人生很多时候都面临着取舍，人不可能同时走两条路。在以后的日子里，我同样会面对很多的诱惑和挑战。每当这时，我都会想起关于"舍"的领悟——"舍"是一种智慧，明智的"舍"可以让你的"取"变得更多。

常常听到这样的故事：有人在生意做得不错的时候开始东张西望，想这里捞一点儿那里赚一点儿，多项经营，结果"竹篮打水一场空"，还把辛辛苦苦打下的基础消耗完了。有的人在一家公司打工，本来干得好好的，却总是这山望着那山高，觉得其他地方的机会更好，不停地跳槽。结果在跳来跳去中消磨了宝贵的光阴，优势也无法得到累积，最终碌碌无为。

对于大多数人来说，无论是时间、精力还是能力，都只允许他们同一时间做好一两件事情。世上最困扰人的问题就是诱惑，什么都想试试，什么都想得到，很难放弃。很多人一直都在忙于追求，却从未想过要舍弃，结果不仅自己活得很累，也没比别人得到更多。

有人说，生活就是由一系列选择组成的。我赞同这个观点，每个人都有选择的自由，这使得你能够对自己负责。

所以，如果你羡慕那些一心一意做事最终取得杰出成就的人；或者你感觉很累，许多事情都无暇顾及，什么事都做不好；或者你干了很多事，付出了很多，结果却没有如愿，那么你要冷静下来，开始思考取舍了。

●"舍"的关键在于出发点

那么，生活中什么该"舍"，什么不该"舍"？简单地讲，这要看你做事的出发点，出发点决定了你为什么要做这件事情。所以，凡是与出发点不相干的事情，你都可以大胆地舍弃。

具体来讲，成就一生有3个"舍"的标准，可以帮助你做出判断，快速地找到"舍"的内容。

与使命和目标没有关系的事情。
超出"我们"现有资源和能力的事情。
做不做都无关紧要的事情。

使命决定人生价值，目标帮助你实现使命。在使命和目标的引导下，无论是大事还是小事，你所做的事情都是应该做的。凡是与使命和目标无关的事情，哪怕是天大的诱惑，你也应该舍弃。不然，你会南辕北辙，离使命越来越远。实现不了使命，人生也就失去了意义。

在资源有限的今天，应该尽量发挥"我们"的强项和优势去做事情。保留所有能让"我们"的强项得以施展的事情，舍弃其余的事情。懂得取舍，你才能腾出时间、挪出资源、扬长避短，获得最大的成果。

重要的事情先做，不重要的事情后做或不做，也是取舍的参考标准。凡是与目标和使命关联密切的事情就是重要的事情，反之就是不重要的事情。你没有时间去做每件事，但有时间做好对你来说最重要的事。

因而，将不重要的事情大胆地放下，把精力用在最见成效的地方，所谓"好钢用在刀刃上"，用充足的时间将重要的事情做深、做细、做精、做好。

细节成就卓越

人的一生，遇到真正的大事可能并不多，遇到的大多都是小事，这些小事年复一年、日复一日地积累，组成了多彩的人生。要想实现目标，做事还是应该具体、细致，从大处着眼，从小处入手。

注重细节是专心的另一种表现形式。

专心做事情，你就会"钻入"事情，研究每个细节，思考怎样才能把细节做好。

我还记得女儿的第一次演讲。在家里，我让她试着演讲一遍，用录像机将演讲全程录下来，然后和她一起观看，修改细节。我告诉她，演讲的内容是重要的，但是在影响演讲效果的因素中，内容只占7%，有一些细节的影响更大，包括演讲的情绪、站姿、手势、表情、眼神、声调、节奏、停顿、起伏等。我们边讨论边演练边评估效果，为演讲的各个细节做好了充分的准备。结果，女儿的第一次演讲很成功。

卓越来自细节，在竞争激烈的时代更是这样。很多事情大家都能做，只是做出来的效果不一样，其中的区别就在于细节。要想获得别人的信任，赢得支持，做出成绩，比别人更优秀，让工作的效果与众不同，就需要学会在细节上下功夫。

● 100−1=0

你周围想做大事的人有很多，但愿意把事情做细的人却很少。大部分人认为细节无关大局，所以不重视细节，甚至忽略细节，对细节敷衍了事。

忽视细节对结果的影响是巨大的，如果用一个等式来形容，忽视细节的后果不是 100−1=99，而是 100−1=0。

因为，1%的错误可能导致100%的失败。

国内有些知名食品企业历史悠久，品牌知名度高，产品口感好，拥有很多老顾客，却在一段时间内放松了对某些质量小环节的监控。这 1% 的质量缺陷是致命的，它让人们产生了对整个企业的不信任。结果，这些企业产品滞销，多年来努力建立起来的顾客群体、品牌美誉度遭受了严重损失，很长时间内都没有恢复顾客对该品牌的信心。

忽视细节而导致失败的例子比比皆是。相反，当你重视细节的时候，你会有意想不到的收获。

注重细节反映出一种务实认真的态度，它会让你赢得信任。

细节因为小不引人注意，而且重视细节所带来的效果常常不会立竿见影，所以大家往往不重视它。但是，机会就藏在细节中，注重细节让你拥有更多的机会。

因此，如果你能专注于细节，善于发现细节，重视细节并形成习惯，久而久之，你就会收获它为你带来的累累硕果。

● **注重细节要灵活**

做事情要讲究细节，但注重细节也要讲究灵活。这句话的意思是，有些时候或在某些特定的情况下，要根据你的出发点灵活地处理、把握。

抓住关键细节

关键细节会影响事情的结果。而有些非关键细节仅仅起到锦上添花的作用，这时你就要学会抓大放小。

例如，孩子上学马上就要迟到了，妈妈在送孩子出门时，突然发现孩子今天的衣服颜色搭配不是特别协调，这时妈妈是花 10 分钟给孩子换一件衣服，还是就这样送孩子上学，以免孩子迟到？

在准时上学和衣服搭配之间做选择，哪个更重要呢？

准时上学和衣服搭配都是生活中的细节，相对而言，前者是关键细节，后者是非关键细节。在必须二选一的时候，答案显而易见。

不要沉迷于细节

关注细节的前提在于对事情全局的把握。如果只沉迷于细节，把过多的时间和精力放在一个点上，而忘记事情的全局，既会耗费大量的资源，还会影响整体任务的完成。这是不可取的。

赢在坚持

持久的专心就是坚持，这是很难做到的。

很多人愿意付出一时的努力，愿意尽力克服一个困难，接受一个挑战。然而，能一直这样做的人很少。

那些人群中少有的成功人士，他们的背后有着各自坚持的故事。

无论是企业还是个人，将一个正确的选择坚持到底都是一种信念，将一种好的习惯坚持下去都是一种智慧，将一种优势坚持下去都会成就你的一生。

● 一个容易受伤的男人

我是一个有使命的人。我知道，自己要完成这个使命必须持久地坚持。怎样培养自己坚韧不拔的意志，练就一颗坚持的心？我的体会是，坚持一项自己热爱的运动，在运动中不断接受挑战，磨炼意志。

滑雪是我最喜欢的运动之一。滑雪不仅是与大自然的较量，更是与自己的较量。自从开始滑雪以来，我经常被家人称为"一个容易受伤的男人"。在我多年的滑雪历程中，骨折和扭伤是家常便饭。我曾经 9 次住进医院，至今还因为其中的一次受伤，锁骨里面永久地埋下了一枚钢钉。

尤其是骨折这样的大伤，受伤时已经很痛苦了，而更痛苦的则是 3 个月的恢复期。在这段时间里，每天必要的物理治疗常常会让你痛得落泪。尽管这样，我仍然坚持滑雪，继续挑战。

在每一次的伤痛中磨炼自己，每一次从伤痛中走出来，我都会在技术和勇气上达到一个新高度。现在，我已经熟练地掌握了滑雪技巧，并成功地挑战了高难度的滑道。

我享受这样的过程。以后，我可能还会面对第 10 次、第 11 次伤痛，但我仍然会坚持下去。这种坚持的毅力让我在遭遇完成使命过程中的许多次挑战时都坚守了下来。

生活中坚持可以让你做事善始善终，成为一个负责任的人。坚持让你在追求目标的过程中充满自信，坚持让你在复杂多变的环境中能经受住考验。懂得坚持的人用自己的行动赢得了别人的信任，从而赢得了更多成功的机会。

这就是坚持的力量，坚持让专心产生能量和奇迹。

● 学会坚持

有人会说"坚持太难了""我总是在犹豫要不要坚持做下去""每次放弃之后,我都很后悔没有坚持下去"……

我可以理解这些感受,因为坚持的确不容易。现代社会竞争激烈,坚持做一件事情会遇到很多压力和阻力。另外,生活中的诱惑太多了,容易让人左顾右盼、三心二意。

那么,怎么让自己学会坚持呢？我有三点体会与你分享。

为目标而坚持

在一部纪录片里,篮球之神乔丹对着镜头说:"我曾经犯规次数为1 800次,腿伤、肩伤、关节疼痛的次数高达3 300次,投篮未中次数为9 900次……但是我坚持下来了!"

片酬高达3 800万美元的国际影坛巨星史泰龙,在拍第一部电影之前被各家电影公司拒绝的次数为1 855次,理由是他不适合当演员,但最后他坚持下来并成功了!

他们都有坚定的目标,那就是对成功的渴望。

目标是坚持的动力。要实现目标,必须有信念做支持,用每一次实现目标的成就感激励自己。这样不管遇到多大的困难、失败,你都可以回想一下做这件事情的出发点,这会让你不气馁，再次充满信心，继续走下去。

把应该做的事情变为喜欢做的事情

如果你在做一件自己喜欢的事情，你就会有激情和动力，并格外地投入，享受过程，乐于对结果负责。

生活中你也有很多应该做的事：分内的事、造福社会的事、实现自身价值的事。但你不一定喜欢，因为不喜欢，你会勉为其难，找不到做事的乐趣，生活也难以开心、快乐。

我的体会是，把应该做的事情变成喜欢做的事情。找到应该做的事情背后的价值和意义，想想做成之后给人带来的好处和快乐，你就会放下个人喜好，全情投入，坚持到底。在这个过程中获得的成就感，会让你真的喜欢上这件事情。

把坚持培养成习惯

坚持，开始会有一些刻意。养成习惯后，坚持就变得自然而然了。

俗话说，知易行难。很多"好东西"，知道是一回事，但将它落实在行动上并转化为积极的成果又是另外一回事。这就需要把坚持培养成习惯。

那么，怎样把坚持培养成一种习惯呢？

开始要强制，强制久了渐渐就会变成习惯。

要做自我总结。人生也好，事业也好，需要时时自我总结来进行调整。这样，你在坚持的过程中就不会倦怠，也不会虎头蛇尾。

发挥信念的作用。信念有一种潜移默化的作用，它可以在心灵深处产生一种坚不可摧、锐不可当的神奇力量，让人能战胜很多艰难险阻。

法则 6

诚信，赢得信赖

这个世界是真实的：地球是圆的，有白天也有黑夜；人要注意锻炼身体、保持良好心态才能获得健康；制造产品要严格管理才能保证质量；不断学习才能获得丰富的知识，不断实践才能获得有益的经验；做过的事就是做过，没做过的事就是没做过；每个人都有自己的利益，每个人都希望获得尊重；人们喜欢与信得过的人相处，对欺骗过自己的人总是心存疑虑……

仔细想想，你生活在真实的世界中，一言一行都受到它的影响。你需要诚实地对待真实的世界，准确地传递真实的信息。

诚信，必需的选择

诚信就是尊重世界的真实存在，是什么样就是什么样。

一个诚信的人，他的内心、语言和行动是一致的，"我是怎样的人""我是怎么想的""我做了什么"，都能让人们感受到一个真实的他。

一个诚信的人也是敢于兑现承诺的人，他发自内心地尊重他人，维护他人的利益，所以谨慎地做出承诺，能做到的才会说，一旦承诺就会努力兑现。

成为一个诚信的人，获得别人的信任，是一件事一件事做出来的，是一天一天积累而成的。

可是，诚信却可以在很短的时间内被毁掉。如果一个人做了100件事情，却因为一件事情失去了诚信，那么之前做的99件事情所积累起来的诚信都会"毁于一旦"，人们可能不再信任他。很多金字招牌，甚至是百年老店，会因为一时一事的不诚信而倒闭。也有人因为一时不诚信而付出沉重的代价，甚至毁掉了一生。

所以，诚信是我们的立身之本，是我们必需的选择，是我们在任何时候都要坚守的原则。

诚信经得起时间的考验

也许有人会说，诚信很重要，这个大家都知道，可是要在现实生活中事事做到诚信就太难了，何必这么辛苦、这么认真呢？说个谎、骗骗人，也一样可以办成事，而且"成本"很低。人生不过短短几十年，为什么不"能骗一时就骗一时"呢？

一些人做出不诚信的事，骗取了他人短暂的信任，确实得到了一些眼前的利益。但是这些是短暂的，有句话说得好，"假的真不了，日久见人心"。时间就是最好的考验。

所有骗人的东西都经不起时间的考验，迟早会被人识破。做人不诚信，不仅欺骗了他人，最终也会害了自己。

讲诚信带来的好处可能不会立竿见影，它需要有个过程。但是，诚信最终赢得的是真正的信赖，带来的是实实在在的好处。

人们愿意和诚信的人合作，愿意帮助他们，愿意把机会留给他们。所以，坚守诚信不仅可以获得更多的机会、更多的资源，也会为自己的成功带来更多的可能。

言行要一致

如何做到诚信，如何让别人信任自己呢？

有一个基本的原则就是：言行一致。它要求你说实话做实事，心里怎么想，嘴上怎么说，行动上就要怎么做。

语言和行动是我们与人交流最常用的方式。人们常用"说话算话""说到做到"来表示一个人真正做到了言行一致。

● 言行为什么要一致

言行一致，就是确保你说的和做的是一致的。因为当你将自己的想法和意见表达出来之后，别人很自然地就会根据你的实际行动进行判断，看你的所作所为是否真的如你所说。

如果你说的是一套，做的是另外一套，人们就无法理解你，不清楚你真正想表达什么，也就不知道怎么帮你，更谈不上相信你了。

言行不一，人们起码会认为你是个不认真甚至虚伪的人，会逐渐疏远你，不再帮助你、信任你，不再给你机会。

从自己的角度出发，思维逻辑也是一样的，要看别人是否可信，你也会先听听他说什么，然后观察他是怎么做的，再做出判断，你也会更看重他的行为。

如果一个人对你说一套做一套，你会觉得他口是心非、不诚实、讲大话、变化无常，以后他再说什么你都会对他的话打折扣，甚至从此不再和他交往了。

言行一致是展示诚信、赢得信赖的有效方式。因为言易行难，因此在追求"言"和"行"相一致的时候，更需要重视"行"。俗话说"空口无凭"，要人们相信你的承诺，你就要用行动来证明自己。

● **如果不交钱就散会**

在我们的家族和企业中，大家一直都推行守时的文化。

一次，由我主持召开家族委员会。我在会前就向大家宣布了会议的"纪律"，其中特别强调了会议开始时和进行中都要守时，没准时到会的，我们就会以捐款的形式进行"惩罚"。"惩罚"只是一种象征，重要的是大家能够说到做到。

会议的过程中就发生了这样的小插曲。我妈妈因为上洗手间没能准时回到会场，按照规定，要捐款2 000港元，妈妈觉得这样做太认真了，不想交。我就说："如果不交钱，就散会。"妈妈听后只好交了钱。1个小时过后，妈妈又迟到了30秒，又捐了2 000港元。从此以后，妈妈在开家族委员会的时候再也没有迟到过。

如果当时我给妈妈开了"绿灯",我们就都没有遵守"纪律"。这会让其他人觉得家族委员会制定的"纪律"是说一套做一套。如果这一条都做不到,那么家族的其他规定和"家族宪法"都会成为一纸空文。所以,我们一定要按规矩办事。

可以说,要别人信任你,做出一个实实在在的行动比说千万句漂亮话更有效。

诚信是无形的,但也是无价的。谁都愿意与言行一致的人交朋友和合作。要想取得更多支持,赢得更多机会,就必须言行一致。

言行一致,首先体现为信守承诺。下面就来看看承诺的重要性。

一诺值千金

医院里会挂着这样的牌子:坚决杜绝制售假药的行为。

法庭上证人需要郑重地宣誓:本人以人格担保,以下证供属实。

政府机关的墙上经常贴有"为人民服务"的标语。

很多工地上也拉着"努力100天,保质保量按时完工"的横幅。

……

这些都可以说是承诺。

承诺是什么？就是给别人一个说法，然后不折不扣地去履行。兑现自己的承诺可以赢得他人的信任，无形之中也给了自己不少机会，所以承诺是一种责任，兑现承诺就是履行责任。一旦做出承诺，就一定要兑现。这是每个人都应该具备的一种美德。人生中恪守每一个承诺，才能得到他人的信任。

● 我能做到吗？

每个人都希望能够争取更多的机会，为此，你需要事先承诺，之后人们会根据你的承诺做出安排，人们看重你的承诺，期待你兑现承诺。这个时候，你要特别小心，因为这关系到你的诚信，是你成功的基石。在承诺的时候，有两件事情要小心：

在承诺前，先要想想"我做得到吗？"，也就是在说的时候要想到能否做到，如果做不到就不要随意做出承诺。

在承诺的时候，要注意对方的理解与你表达的意思是否一致。承诺的效果与对方的期望是紧密相连的。双方之间对承诺理解的差异，会影响兑现的效果。

这两条道理听起来容易，但是不容易做到，因为在竞争激烈的今天，很多人会为了赢得他人的信任、抢得机会而随意做出承诺。

比如，一些销售人员不管能否做到，为了把顾客抢回来都一味地随意承诺，却从不考虑如何兑现承诺。一些急功近利的企业不顾自身的实际情况，把产品和服务吹捧得完美无瑕，却把低质、劣质甚至假冒产品卖给消费者。结果捡了芝麻丢了西瓜，得了一时丢了一世。诚信丢失了，顾客丢失了，销售人员丢了工作，企业丢了市场，甚至难以生存。

谨慎承诺并履行承诺，既是尊重事实，也是尊重他人和自己。

● 我做到了吗？

不同的人对同样一件事情，可能会产生不同的期望。他人对你的期望是否和你的自我期望相符？这将影响他人对你的信任。

人们在做出承诺的时候，会小心地让双方都有一致的期望，但是一旦承诺兑现，人们的期望就会发生改变。

当你获得他人的认同或获得某项荣誉的时候，对此每个人都认同或期望一致吗？如果期望不一致，那么你怎么才能让大家感觉到你说到做到了呢？

在上述问题中，我的答案是，获得认同与荣誉之后，要更加小心，多问自己3个问题：

我做到了吗？

我真的做到了吗？

还有没有完善和提高的空间？

经常问这些问题，你就不会骄傲自满，也不会故步自封，更不会掉头向下。你会更加努力地要求自己在各方面都做得更好，不但今天能做到，明天、以后也都能做好。你还会紧随人们的期望"水涨船高"，将荣誉和认同作为新的起点，不断前行，满足随之而来的更大、更多的期望。

承诺在待人处事中扮演的角色是极为重要的，用"一诺千金"来表达承诺的影响力非常贴切。既然恪守承诺的价值这么大，我们更要小心翼翼地对待承诺，避免稍有不慎"掉进"言行不一、没有诚信的行列。

无限极经过30多年的努力和实践，获得了飞速发展，企业在各个方面都有不小的突破，获得了很多方面的认同和好评，得到了不少殊荣和奖杯。我们如果沉迷其中，就会止步不前。我对我的同事说，我们得到的荣誉就是向外界的一种承诺，外界对你的期望也会随之提升，所以我们要更严格地要求自己，达到这些奖项所代表的标准，如果做不到，其他人就会觉得你名不副实、没有诚信。

做比说更有效

行动能带来实实在在的结果，这个结果比只是说出来更容易让人接受，更能经受住时间的考验。所以说，行动是最好的语言，做胜于说。

你是怎样的人？

你的主张是否正确？

你是否值得信任？

你是否有能力做到你所承诺的？

……

做出来给大家看。

俗话说，耳听为虚，眼见为实。这就是为什么人们更愿意相信他们看到的结果。"事实如此"是左右人们判断的最有力的"证据",是最好的"说客"。

"做"能赢得信任,体现尊重,得到理解和支持。我们讲的言行一致和兑现承诺,最后都要落实到行动上。

● 用行动取信于人

有一个"曾参杀猪取信"的故事:

曾参是孔子的得意门生,一天他的妻子要上集市买东西,儿子曾申哭闹着不让去,曾妻为摆脱儿子的纠缠,便哄骗他说:"你在家好好玩,等我回来杀猪给你煮肉吃。"儿子便不再哭闹。

等曾妻赶集回来一看,家里那只黑猪已变成一堆猪肉。

"你怎么把猪杀了?"曾妻又急又气地问。

曾参答道:"你既然已答应孩子了,就应该说话算数。今天你在孩子面前言而无信,明天孩子就会像你那样哄骗别人。杀一头猪是小事,教育孩子从小知道做人的根本,可是关系他一辈子的大事。"

在这个故事中,曾妻只是"信口开河",但对曾申来说,那就是承诺,必须兑现。就像曾参说的"杀猪事小",不欺骗孩子、教育孩子做个诚信的人才是大事。

不妨"换位思考",如果你是曾申,看到爸爸兑现了承诺,你会怎么想呢?

你会想:爸爸说话算数,是个有信用的人,以后爸爸说什么我都会相信,我也要像爸爸一样不欺骗别人。

孩子的想法也许很简单,但是曾参用杀猪的事实告诉了孩子"爸爸是个讲信用的人",如果曾参每次都能够用行动说话,那么可以想象,他的孩子长大后一定会和曾参一样是个说话算数、讲信用的人。

用行动说话是最好的取信于人的方法,也是影响他人、获得他人支持的好方法。

● **行动比语言更有力**

无论什么事情都需要踏踏实实、一步一个脚印地去做，做比说更有力。

做事就像盖房子一样。如果偷工减料，房子盖得好像很快，可是经历几次风吹雨打，房子就会倒，还需要重新盖。如果盖房子的时候把基础打牢，每块砖头都垒得很结实，那么造出来的房子质量好，承受得住风雨，住的时间就会很长久。

人们常说"行胜于言"，与其花很多时间去说，不如花几分钟去做，行动能最直接、最真实地表达你的主张，让你最有效地取得他人的信任。

行动是我们最好的代言人。做比说更有效，让行动去说话吧。

小　结

　　自律，管理好自己，对自己负责，把握人生的方向盘，你就会让自己强大起来，获得生活的主动权。

　　专心，学会取舍，集中资源做与使命和目标相关的事情，做好细节，坚持不懈，那么你会创造出伟大的事业。

　　诚信，以身作则，言行一致，说到做到，用行动说话，你就是一个让人信服、受人尊重的人。

　　每个人都把"我"做好了，就会有更多的人愿意和你在一起，组成"我们"，事情将更容易办成并做大，你的收获和成就也会更大。

第四部分

原则三:永远创业

这个世界每时每刻都在变化。因为变化，没有任何事物能"守"得住。无论处在哪个阶段，你都需要永远创业，主动适应变化，实现可持续发展。

以前，每年3—4月，李锦记家族都会组织来自各地的亲朋好友，以及李锦记集团员工、顾客、合作伙伴几千人，来到李锦记的故乡广东新会乃至香港大埔工厂，参加创业纪念日活动。

在以前的一次活动中，有人问我父亲，为什么要这么兴师动众地做创业纪念日活动？我父亲回答说，这个活动不仅仅是为了饮水思源、感谢企业创始人开辟的成功之路，更是为了大家能够保持一份永远创业的激情。

的确，在李锦记家族的字典中，找不到"守业"这两个字，我们提倡的是"永远创业"。

"永远创业"传递的是一种精神和理念，那就是不断地保持创业般的激情，不断突破，做自己没有做过的事情，去创造新的成就。

为什么要永远创业？

变化每时每刻，从你到我，从我到"我们"，在我们身边的每个角落发生。不管你愿不愿意，喜不喜欢，有没有准备，它总是围绕在我们身边，对现在和未来都影响巨大。

因为变化，这世界上就没有"守"得住的东西。无论你今天处在哪个阶段，只有主动适应变化，不断进取，才可以在变化中实现可持续发展。

每个人都在变化。当用直升机思维思考时，你会发现，要实现"我们"整体的可持续发展，要在不可预知的变化中成就一生、持续进步，实现"永不止步，天天向上"，就不能"守"业，要有不断进步的意识。

一般来说，企业的发展就如同人的生命，从创立开始，都会经历创业、成长、守业、逐渐衰退的过程。

相对而言，初次创业是容易的，因为人们都会竭尽全力以求成功。

但是，当创业获得成功、生活衣食无忧、事业发展顺利时，你还能拥有最初的创业激情和动力吗？

保持"永远创业"的激情，就是要在激烈的竞争环境和纷繁复杂的变化中时刻保持前进的意识，主动发展。否则，再大的企业也会在不知不觉中沉睡，直到从市场上消失。

要做到永远创业，需要坚定的信念和顽强的意志，而信念和意志就来自做事情的出发点——追求使命，成就一生。

生命难得，成就一生就要让生命不断地为他人、为社会创造价值，使人生更精彩。有了这样的信念，才能永葆创业的激情，才能不断创造生命的价值。

要永远创业，就要学会抓住机会。机会隐身在变化之中，变化让事情拥有了多种可能。

那么，怎样适应变化、把握机会呢？

"六六七七"就开始干

人们经常用数字来形容对一件事情的把握程度，从而判断这件事情是否可以开始做。

比如"十拿九稳",表示人们对这件事情很有把握。但是一定要等到"十拿九稳"时才开始吗?这样的机会往往很少。

我的看法是,在对机会有了一定的把握之后,你就可以行动了。我把它称为"六六七七"。"六六七七"就开始干!

在足球比赛中,优秀的前锋总能很好地把握机会破门得分。如果偏要等到"十拿九稳"时再射门,等你调整到了最佳位置,球很可能已经被防守队员拦截了。

环境是变化的,很难有十足的把握,这就需要我们边做事边调整,在做事的过程中不断完善,从而找到最合适的机会。

对我来说,永远创业是鼓励我们对变化进行不断的探索,而"六六七七"是把握机遇、采取行动的好时机。

哪怕这个时候会有失败的风险,也要敢想敢干,敢做敢当,积极迎接挑战,保持奋发进取的精神状态和创业的激情,鼓励创新,果断行动,努力超越自我。

1992年,我随父亲来到广州,与当时的中国人民解放军第一军医大学洽谈保健产品的合作。我们只用了1个小时就达成了共识,开始了从酱料行业到保健产品的再创业历程。

我们认识到:中草药是"国粹",健康是人生的一种基本追求,中草药保健产业大有前景;中国人民解放军第一军医大学有科研实力和良好的信誉保证;李锦记拥有百年的食品制造和质量保证经验。尽管当时我们欠缺中草药知识和人才，但可以边做事边培养，积累经验。面对这个千载难逢的商机，我们有信心做好。

转眼间，无限极走过了30多年的风雨历程，业务已经覆盖全国并走向海外，企业规模不断扩大，知名度不断提高，生产能力大大增强，产品得到了广大消费者和社会各界的广泛认同。

这都得益于当时我们在"六六七七"的时候就果断地下定决心开始创业，这样才有更多的机会。

我的体会是，要做到永远创业，除了把握机遇、敢想敢干，还需要一些智慧，要对风险进行管理。看到机会，不能"三三四四"就贸然行动，否则风险会很大。结合自己的经验，我觉得有必要在以下3个方面做出尝试：

- 加强学习，了解变化，提高适应变化的能力。
- 学会平衡，在变化中及时调节，从被变化打破的不平衡达到新的平衡的和谐状态，主动适应变化。
- 建立系统，将变化中的一些规律性的东西找出来，在变化中"以不变应万变"。

法则 7

学习，使人进步

学习才能适应变化

我一直喜欢阅读管理理论方面的书籍，经常和各界人士交流心得，并将好书作为礼物送给同事。李锦记还会选出专人负责向公司管理层推荐好书。直到现在，这些习惯依然保持着。

2000年，我有幸看到拉里·雷诺兹写的《大雁的力量——信任创造绩效》，这本书给了我很多启示：在科学技术迅猛发展，尤其是互联网技术在全球范围内迅速普及的情况下，人们的工作、交流和竞争方式都发生了改变。人与人之间的合作更密切了，信任对一个组织的运作和发展比以前更重要了。作为企业的管理者，要及时了解这种新形势下对管理的新要求。

在《大雁的力量——信任创造绩效》还没有中文版的时候，我就把它推荐给管理层的同事，共同学习书里的观点和做法。我们在建立"高信氛围"时参考了书中的部分内容，并开始尝试在企业内部搭建以信任为目的的团队建设平台，学习有关建立信任的方法。几年下来，收到了非常好的效果。大家觉得在高信的氛围下工作，更开心、更积极、更有干劲。

通过学习，我们能开阔思路，能给企业的发展不断注入新的观念、新的思想和新的方法，能适应各种各样的变化，不断进步。

学习，从身边开始

人们常说，学习有方法、有技巧。不同的人，即使学习过程相同，收获也会不同。在这里，除了生活阅历、教育背景、学习方法不同，还有一个关键所在，那就是学习意识。

有良好学习意识的人能够随时随地学习。生活、工作、与人交往都是学习的课堂，即使是一场电影、一本书、一次旅游、一次谈话，他们都能从中学到知识。

具备学习意识的人会不断利用无处不在的学习机会，提高自身的知识水平和技能，开阔视野，丰富阅历，增强适应变化的能力，在这个充满变化的世界掌握主动权。

我从美国读完大学后回到香港，在花旗银行谋得了一份管理培训生的工作。我的工作是投资顾问，帮助别人选择合适的投资机会，让其资本增值。这对专业的要求是很高的。虽然我在大学里专攻的是财务专业，可是要胜任这个职位还有很多东西要学。当我第一次走进工作场所时，眼前一片杂乱。一排排的办公桌相互挨着，上面除了计算机、两部电话和一堆单据、数据，几乎没有空闲位置。我却没看到人，人到哪儿去了？原来因为声音太吵，一个个都蹲在办公桌下面，抱着电话和客户沟通最新行情。我该怎样迅速熟悉环境，投入我的工作呢？

我充分利用每次学习的机会。除了阅读相关数据，我还认真倾听旁边的同事是怎么与客户沟通的，观察他们在遇到问题时是怎样解决的。在吃饭或平时交谈的时候，我也会和有经验的同事沟通，遇到问题时，懂得主动寻求帮助。由于不浪费每个学习机会，我很快就掌握了做好投资顾问的知识和技巧，能够胜任这份工作了。而且，这段时期学习的投资理财知识，也为我将来的创业打下了基础。

我从自己的亲身经历中总结了高效学习的3个方法：

养成阅读习惯。

逼自己上台。

永不封顶。

养成阅读习惯

学习有很多的方法和技巧,从哪里开始学习会容易些呢?我的建议是,从阅读开始。

对我来说,阅读是简单、易行和有效的学习方法。从书本中我们可以获取他人总结、思考、提炼出来的宝贵成果。

重要的是,阅读是自己就可以把握的学习方法,它不受时间、地点和别人的控制。学生、上班族、休息在家的人,不管是谁,只要愿意学习,就都可以在适当的时候从书本、数据中学到不同的知识。

世界变化迅速,养成爱学习的习惯十分重要。我的读书习惯是在工作以后才逐渐养成的,工作中遇到的很多困惑和挑战成了我不断学习的动力。事实上,你学的东西越多,就感觉自己懂的越少。

● **阅读，简单易行**

也许很多人会说，阅读的好处我明白，但我真的没有时间读书。读书，难就难在坚持。

"没时间"的背后还可能有更多的原因，有的人觉得自己太忙、没有空闲时间，或者已经读了太多书但很多内容根本记不住，也可能不知道如何快速深入地阅读一本书。

围绕阅读这个话题，我和很多朋友交流过阅读的方法和技巧，接下来就和大家分享一下我的体会。

随身带书

书是可以携带的老师。把书带在身边，就可以在闲下来的时间里随时翻开读上几段。比如候机、等人、出差、旅途时，将分散的、零碎的时间整合起来，充分利用。如果每天都这样做，坚持下来就能"挤"出很多时间，阅读就能变成随时随地都可以做的事情。

人的生命是有限的，你能去的地方、能经历的事情、能看到的东西是有限的，如何在有限的生命中获得更多的人生体验？阅读便是一条最好的途径，它延长了你生命的轨迹。

阅读，是一种心灵的旅行。通过阅读，开启智慧的大门，享受精神的愉悦，感悟人生的真谛，品味生命的意义。

　　一起读一本书

　　有效阅读还有一个非常好的方法，就是和大家一起集中阅读，一起交流、分享体会。人们背景不同，看问题的角度不同，理解也不同，这些不同会让我们在较短的时间内对书的理解更全面、更深刻，让读书更快速、更有效。

　　同时，一起读书还能帮助大家统一认识，达成共识，增加共同语言，为营造高信氛围提供良好的基础。

　　李锦记家族和企业已经养成了这种集体阅读的习惯。我们会定期集中阅读同一本书，特别是在做决策和策略研讨之前。通过阅读来学习书中的重点内容和理论，然后集中分享阅读体会，帮助大家共同提高。通过集体阅读，在之后的工作中，大家会更容易相互理解，更快达成共识，默契配合，相互借力，还能创造出很多有用的方法。

　　该记的记，该忘的忘

　　一般人会挑选自己喜欢的书去读，这样不仅容易读进去，而且会有目的、有目标地主动学习自己感兴趣、有用的东西。但是，只看自己喜欢的书是不够的，我们需要从各种书籍中获取更多的知识，拓宽学习的范围。

因此，在读书之前，你还应该先问问自己为什么要读书，这很重要。每个人读书的出发点不同，感兴趣的内容不同，读书的方式也不同。有目的地看书，可以有效地利用时间，收到更好的效果。

在这个信息爆炸的现代社会，信息太多、更新太快，而我们的时间和精力有限，我们不可能读所有的书，也不可能把书里的所有观点都记住。因此，学会抓住重要的信息，有重点地阅读很重要。

考虑阅读的出发点，该记的记，该忘的忘。给自己的大脑留下空位置，才能不断地适应变化，让自己保有不断更新的空间。

逼自己上台

我读大学的时候报名参加了"中国香港商科同学会"会长的竞选，希望能借此机会结识更多的朋友，锻炼自己。竞选中有一个必不可少的环节，就是上台发表自己的竞选演讲。

事隔多年，我仍然清楚地记得当时的情景和感受。那是我第一次站在台上对着那么多人讲话，上台之前我非常紧张，对自己的表现根本就没信心。不过我觉得既然参加了，那就要有所收获。于是，我硬着头皮走上讲台。整个演讲过程我的眼睛一直盯着事先写好的演讲稿，根本不敢看听众，拿稿的手一直在抖，不听使唤，幸好演讲稿写得不长，难受了十几分钟后，我终于念完了。

当我如释重负地走到台下时，我突然觉得：原来逼自己上台，做一件以前没有做过的事情，能学到更多东西。

我知道，第一次上台讲话的效果通常不会好到哪里去，甚至会很差，得分会很低，这都很正常。但只要坚持下来，你就会不断提高。

有了第一次上台讲话的经历，在接下来的竞选活动中，我的信心越来越足。经过努力，我最终获得了同学们的信任和支持，成功当选为"中国香港商科同学会"会长。

"逼自己上台"，不是和自己过不去，不是自找麻烦，而是通过为自己制造压力，让自己突破，做自己没做过的事情。主动创造机会、勇于尝试、迅速学习往往能让你更快地掌握新知识和新技能，让你发挥潜能，让你获得更多成功的可能性。

为什么要"逼自己上台"？

在这个世界上，很多事情的发生是无法避免也无法捉摸的。就如同变化一样，有些事情还没来得及思考，你就得做出决定。

如果不逼自己上台，而让逃避成为习惯，你就为自己设下了心理障碍。只要遇到压力和困难，你的潜意识就会告诉你：这很危险，很困难，你什么都做不了，最好什么都不做，放弃算了。

"逼"是有风险的。可是不逼自己你就会错失学习的好时机，失去适应变化的机会，最终你会付出惨痛的代价。

生活中很多事情都是"逼"出来的，像第一次登门拜访顾客、第一次上台演讲、第一次销售产品、第一次组织活动……

"逼自己上台"就是这样，它让我们主动适应变化，在适当的压力下快速成长。

"逼"自己的过程是辛苦的，但收获是巨大的。想到这一点，辛苦就算不了什么了，你会乐在其中，你会很享受过程。

对此，我也深有体会。

● "1元办公司"

在1990年以前，李锦记没有尝试过多元化经营。我回到香港工作了一段时间之后，开始寻找个人创业的机会，我想开展与李锦记业务有关联的事业——连锁餐馆。

那时候的香港经济发展得很快，人们的工作和生活节奏不断加快。人们开始关注健康，健康饮食的概念渐渐流行起来。而当时香港的连锁餐厅很普遍，多以提供便利快餐为主，生意都很好。不过很少有人想到把家常菜作为连锁经营的内容，更没有人注意到其中的商机。于是，李锦记决定开设以提供中式家常菜为主的连锁餐厅"健一小厨"。

在筹备连锁餐厅时，香港正推行屋村（小区）配套设施计划，其中包括在全香港每家屋村都要开一间快餐店，而且只开一家。我们感到这是一个千载难逢的机会。

当时的我刚从学校毕业没多久，没有创业资本。可是我非常希望能抓住这个难得的好机会，实现我的创业理想，做出一番事业来。我决定全力以赴。

在创业基金的问题上，我和父亲进行了一次长谈，我把我的想法告诉他，争取他的支持。父亲是一位具有创业精神的人，他很支持我的想法。

父亲同意我用1元钱注册组建公司，其余的钱款由集团以借款的形式提供，我要支付利息。

就这样，我用1元钱开启了我的第一次创业。

这是一次来之不易的创业机会。想到每月还要还钱、发工资，行业的竞争又如此激烈，也不确定将来可以做到多大，我感觉压力很大。

要不要逼自己上台呢?

面对压力,创业的激情给了我动力。我们不断改进、不断完善,从顾客的实际需要出发,及时总结与调整。"健一小厨"所出售的食品由于比便利快餐店的营养更丰富,味道更可口,渐渐赢得了顾客的认同,很快就走上了正轨。

我们一边赚钱,一边还钱,一边继续投资,扩大规模。开第三家连锁店的时候,我已经还清了所有的借款和利息,并且开始收获净利了。后来,"健一小厨"陆续开了12家分店,盈利状况一直都很好。

逼自己上台,在"1元办公司"中我学习到很多创业经验,给自己创造了一个成功的机会。

永不封顶

在日常生活中,我们经常会遇到这样的情况,刚开始干一项事业的时候很努力、很用心,也不怕吃苦。渐渐地,事业有了起色,信心增强了,干得更起劲了。可是,等有了一些成绩之后,我们就容易骄傲自满,做事也会放松,认为自己经验老到,什么事情都经历过,比很多人干得都好,于是开始听不进意见,逐渐把自己封闭起来。就这样,没有了新的目标,也学不进新知识，停下了前进的脚步，关上了心门，我把这种状态称为"封顶"。

● **人是容易封顶的**

我很小的时候父亲就教育我要永远创业，不要封顶。我们家族做生意已有130多年，逐渐有了一定规模。无论在生意发展的哪个阶段，李锦记人都秉持着"永远创业"的精神，时刻提醒自己不能封顶、不能守业，要不断地寻求发展。我在教育女儿时，也经常向她们灌输这样的观念。

一旦你对自己"封顶"，你就不再有学习、创业的激情和动力，永远创业也就成为一句空话。

人在一生中经常会陷入"封顶"的误区，为什么会这样呢？

人是容易懈怠的动物，尤其是在达到一定目标、取得一定成绩之后，就更容易不再主动改变，因为改变要承担风险。所以，这时候很容易停下前进的脚步。

其实，"封顶"只是人们的主观感觉。一个真正知识渊博的人，永远都会觉得自己懂的知识太少；一个真正胸怀大志、有远大使命的人，永远都会觉得自己做得还不够。

● **永远创业，永不封顶**

人生很短暂，在生命还没有走到尽头的时候，每个人都有机会做更多的事情，收获更多的成就，追求更大的人生价值。

你如果也有这样的想法，就要永远创业，永不封顶。

我从十几岁开始学习滑雪，刚开始玩的是双板滑雪。一次偶然的机会，我看了一本关于滑雪运动的书，在书的结尾，作者建议读者可以尝试单板滑雪，理由是单板滑雪不像双板滑雪那样有那么多条条框框，更自由自在，也更具有挑战性。

一向喜欢挑战的我眼前一亮，当即决定试一试。

双板滑雪是脚踏两块滑板，用两根手杖来辅助滑雪。这种滑法我现在已经滑得相当流畅，我征服了很多知名雪场的高难度滑道。

而单板滑雪，脚下只有一块滑板，手中没有雪杖，要像冲浪一样去滑雪，与双板滑雪完全不一样。这就意味着我要从零开始学习。

学习单板滑雪的第一天是最辛苦的，我站都站不稳，摔了几十次。与我在双板滑雪中自如驰骋的情景相比，那一刻我心里要承受巨大的落差，这是一个很大的心理关口。很多人就是因为过不了自己的这个心理关口，在练习不久之后就选择了放弃。

在整个学习过程中，我每次的摔倒都显得很笨拙，这让我非常沮丧，我甚至怀疑自己，似乎又回到最初学滑雪的"菜鸟"阶段，我经常犹豫要不要坚持下去。

每当这个时候我就问自己：难道我就这样认输了吗？想当初学双板滑雪时我不是也摔过很多次，犹豫过很多回吗？我不也是一次次站了起来并坚持到最后吗？从双板到单板需要突破，我能不能再挑战自己一次？

最后，我肯定地告诉自己：我一定行。

接下来的几天，我一直坚持着。到了第五天，我已经能够跨过中级滑道，直接在高级滑道上驰骋了。

我终于又一次突破了自我。当我站在高级滑道上，用单板轻松自如地滑雪时，那种感觉"爽"透了！

这件事给我留下了非常深刻的印象，对我的影响很大。它让我认识到，一个人取得一定的成就之后，要敢于向更高的目标挑战，继续突破自我。而支撑我不断突破自我的精神力量，就来自"永远创业"的精神。

当你真正突破自我时，你就会发现，只要你想，你就一定可以登上另一座高峰。

法则 8

平衡，才能走远

如果我们把人的一生看作一个整体，那么人生是由许多元素组成的，比如健康、家庭、事业、亲情、友情、自由、财富等。一项关于幸福度的调查结果显示：一个人是否感到幸福，有3个元素起决定作用，那就是健康、家庭、事业。

我也有同感。一个成功的人生，健康、家庭、事业起着关键的作用，它们缺一不可。

在这3个元素中，任何一个元素都能影响其他两个元素。如果其中一个元素没有处理好，就会对其他两个元素造成不好的影响。

3个元素相互促进，共同发展，推动着人生的进程，让人们实现永远创业，实现可持续发展。

这是我们希望看到的关系。但在变化的世界中，元素之间的这种促进关系是会发生改变的。让相互影响的各个元素保持相互促进的关系，让这些元素组成的整体得以协调发展，可持续发展也就成为可能。这就引出了一个问题：平衡。

说起平衡，人们容易联想到天平。通常人们认为平衡就是让天平两端的质量相等，这个概念在机械条件下是适用的。但生活不是机械的，而是动态的，每时每刻都在发生变化，我们生活中的各种要素也在不断变化着。

平衡不能只是简单地将各种要素做除法或进行平均分配，而是让生活中相互影响的各种要素始终保持相互促进的关系并且协同发展，使生活达到最佳状态。

那么，怎样才能获得平衡的人生呢？这里我有两个方法和大家分享：一个是全面地看问题，一个是具体问题具体分析。

全面地看问题

生活是一个整体，任何一个环节的变化都会影响整个人生。

凡事都有两面，"横看成岭侧成峰"，只看一面的人往往容易走极端，生活会失衡。

在社会环境中生活，每个人都是与自身以外的其他人、事件、观念、文化等因素紧密相连的。人们做事的成败、生活的快乐与否，不仅取决于自己的行为，还和其他各种因素密切相关。

既然生活本身是各种因素相互关联的整体，要想获得平衡的人生，就要习惯于在为人处世时全面地看问题，从"我们"的角度看问题，照顾到周围的方方面面，兼顾各方面的利益和需要。既要看到好的一面，也要看到不好的一面；既要看到短期趋势，也要看到长期趋势；既要照顾自己的需要，也要关注他人的感受……

具体问题具体分析

世界上一切事物都是变化的，在不同时间对待不同的人和事，需要选择不同的处理方式。这就是具体问题具体分析。

平衡地处理事情，不是切蛋糕，不是把时间、精力、资源进行平均分配；也不同于用尺子量东西，计算出每件事情的"距离"，找到平衡点。相同的事情在不同时期的平衡是不一样的，每个人与每个家庭的平衡也是不一样的。平衡是动态的，具体情况有具体的平衡。

认识到平衡的重要性，学会掌握平衡，我们就更容易在变化的世界里适应变化，寻求可持续发展，成就一生。

平衡，才能走远。

平衡是一种艺术

平衡没有固定的模式，如何求得平衡是一种艺术。

平衡是一种艺术，艺术地处理事情没有固定的形式。在动态的生活中，寻找和取得生活的平衡也一定是在动态中进行的。正像前面所说，人们不能孤立和静止地看问题，要全面地看问题，具体问题具体分析。

我认为，关键要看结果，看看如何才能符合做事情的出发点，把握快与慢的平衡艺术。把握角色平衡的艺术，要看各种角色处理的结果，所以关键在结果。

● "快和慢"的故事

记得多年前，公司准备推行一项新制度，并为此发了通告，要求各部门即日起马上贯彻执行。从形成决定到发出通告，只用了两天时间。

但过了一个多月，我发现大部分员工执行的仍是旧制度，很少有员工按照新制度做事。对此我感到很奇怪。

于是，我邀请了一些管理人员和普通员工了解情况。会议上，有的人对新制度的意见很大，有的人不理解新制度的目的，有的人根本就不知道有新制度，还有的人对新制度毫不在乎。

我终于明白了，关键问题是大家对这个事情的目标和结果都不理解。

急于做事、忽视理解，就容易造成"快就是慢"的结果。不同的事情有不同的平衡艺术。有的时候看起来好像是快了，结果却是慢了；有的时候看起来好像是慢了，其实却是快了。具体情况要具体分析，没有固定的形式。

做事的过程和对事情的理解是一个整体，都是为了把"我们"的事情做好。可以说，理解也是做事的一部分，而且是非常重要的一部分。"磨刀不误砍柴工"，说的就是这个道理。

从表面上看，花时间在理解上会让做事的速度减慢。但当大家都清楚地理解了事情的出发点、事情与"我们"的关系、事情可以做到的范围、事情对未来的影响时，大家做起事情来就会更有共鸣、更有积极性、更有动力，还能减少误解、减少猜疑……而且，因为充分理解，所以在应对各种变化时能快速做出合适的选择。这样看来，做事和沟通的时间都减少了，效率也提高了，而且事情完成的效果会更好。所以，看似"慢"

了,其实是"快"多了。

我经常和朋友分享"快和慢"的故事。从快和慢的平衡中我们可以进一步感受到平衡是无定式的,需要艺术地去把握。

● **扮演好生活中的每一个重要角色**

我们在生活中同时承担着多个角色,艺术地让各种角色达到平衡是非常重要的。我的角色有很多,比如儿子、丈夫、父亲、董事局成员、家族委员会成员、公民、政协委员等。角色代表着责任和人际关系,每个角色所赋予的责任都是不能推卸的。

生活中的各个角色都属于一个整体,它们相互影响、相互促进、协同增效,每个角色都影响着其他角色,各个角色间不是你输我赢的对立关系,而是互相依赖的共赢关系。

正因为这样,一个重要的角色做不好,就会影响其他角色。我们的很多痛苦常常来自成功地履行了某个角色而忽略了另一个重要的角色。比如,在企业里你是成功的领导者,而在家里你却是个不称职的父亲或丈夫,照顾不好家人,你就无法集中精力处理工作,这最终也会影响你在工作上的表现和发挥。

成功的人生无法接受仅一个角色成功而其他角色失败的结

果。如果其中有某个角色失败，人生就不会完整，甚至是有缺憾的，生活也会因此失去平衡，最终会影响某个成功角色持续地成功下去。

扮演好生活中每个重要角色，不是简单地把自己的时间和精力进行平均分配。具体问题有具体的处理方式，需要掌握平衡的艺术。

健康、家庭和事业的平衡

你需要学会平衡处理生活中的许多关系，发挥它们相互影响、相互协调、相互促进的作用，让生活处于一种相对稳定并能持续发展的状态。

在生活的诸多关系中，我认为最重要的是健康、家庭、事业这三种关系。这也是大家都非常关心的话题。因为在社会发展快、资源有限、精力有限、时间有限的今天，要想将这三种关系做到平衡，对每个人来说都是重要的，也是困难的。

许多人没办法同时处理好这三方面的关系，要么是健康原因影响了家庭和事业，要么是忙于事业忽略了健康和家庭，要么是过度专注于家庭未能兼顾健康和事业。结果，人们总是在三者之间分身乏术，每件事情都没做好，或者顾此失彼，做好了一方面就放弃了其他方面。

是否真的没有办法解决？我们能不能做得更好一些呢？

这里和大家分享一下我关于这三者平衡的心得体会。

● **健康、家庭、事业三者平衡**

要做到平衡发展，关键的一点在于观念。

没有树立平衡观念，就无法做到平衡发展。

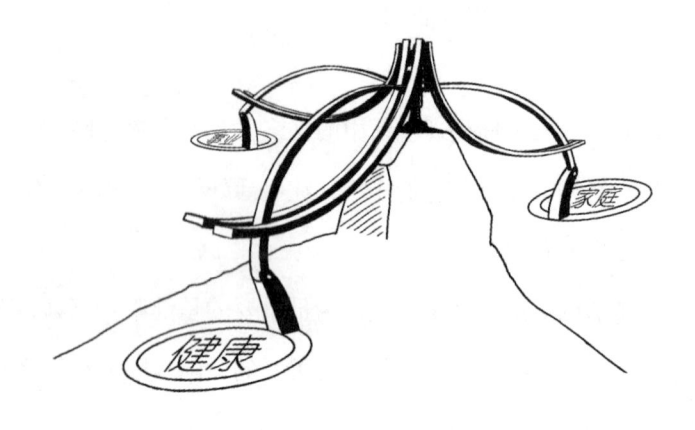

正如前面说过的，生活是一个整体，生活不仅仅是健康、家庭或者事业三者中的某一项，而是它们的综合体。也许我们把很多时间花在事业上，事业取得了骄人的成绩，但我们仍要照顾到自己的健康和家庭。因为有了健康的身体、和睦的家庭关系，我们才能更专心于事业，才能担起社会赋予我们的责任和使命。这样的人生才是平衡的人生，才可以获得最大的成就。

要在生活中很好地平衡这三种关系，使它们相互促进、协调发展，首先需要全面考虑，避免孤立地只重视其中一点，或者只是平均地分配时间。

健康是生命的支柱。一个健康的人，精力充沛、充满自信、热爱生活、积极乐观，敢于面对困难和挑战，乐于与人交往，善于享受生活的乐趣。没有基本的健康，你的身心会遭受病痛的折磨，还会给家人带来精神、经济上的痛苦和压力。你不能专心地投入工作，无力帮助别人，不能为社会做出贡献，也无法体现个人的价值。

可以说，没有健康，家庭和事业就会黯然失色。

家是一个人来到这个世界的第一个落脚点，也是人的归宿。家庭不仅是饮食起居的地方，更是感情寄托的地方，是精神的归宿。家庭是事业的动力。没有家庭，就会失去正常、规律的生活，身心健康势必受到影响，进而导致精神空虚、人生无味。你与家人的关系是最基本的社会关系，缺少家庭的温暖、认同和激励是人生最大的缺憾，你不仅会因此失去事业的动力，身心也会受到极大的影响。

可以说，没有家庭，健康和事业就难以为继。

事业可能是一个梦想、一个使命，也可能是一份工作，甚至是一个兴趣。拥有事业，你会觉得自己是一个有用的人、完整的人、被社会接纳的人。事业不仅是解决个人基本生存问题的途径，也是提供家庭经济来源的途径。没有事业，你就无法为个人和家庭提供衣、食、住、行等最基本的生活保障，无法满足自己和家人基本的健康需求；没有事业，你与社会之间的联系会受到局限，你的生活圈子会变小，你的视野会变得狭窄，你的心胸也会变得狭小，你会跟不上时代发展的步伐。这会影响你的身心健康，还会影响你对他人的理解和包容，更会影响你与家人的相处，你会无法获得来自家人、社会的尊重与认同。

可以说，没有事业，家庭和健康就会变成"无米之炊"。

所以，健康、家庭、事业三者是共存的，是相辅相成、相互影响、相互促进的。在生活中，不仅要全面、整体地考虑这三者的关系，还要善于运用艺术的方法，根据具体情况，恰当合理地分配时间、精力、资源，对三者进行平衡。

● **分享照片里的故事**

在平衡这三者关系的问题上，有这样一个故事，可以给我们带来一些启发。

我有一个同事，长期在内地工作，和香港的家人团聚的时间不多。但他和家人的感情一直保持得很好。他的方法就是拍照片和家人分享。

每次出差，他都会用相机拍一些自己参加会议、出席活动、与人交谈时的照片，回家之后不管多累，都会抽时间同妻子、孩子分享照片里的人物和故事。通过照片，家人了解了他的工作，了解到他工作时的辛苦、快乐、成就。分享照片这样一个很简单的行为，让彼此的感受得到更多关注，消除了他和妻子、孩子之间的隔膜，大家沟通的话题越来越多，感情越来越融洽，妻子和孩子对他的工作也更支持和理解了。

分享照片是一个很好的方法。但每个人的情况不同，要根据具体情况艺术、灵活地处理。你也可以抽空给亲人写信，下班的时候打个电话，多一些一对一的沟通，随时发个短信息……来表达你对家人的关心，让他们分享你工作上的喜悦、生活中的感悟……

说到这里，你会不会觉得，原来健康、家庭、事业三者可以共存，平衡这三者的关系原来可以这么简单，并且有那么多种方法。

只要你根据实际情况整体考虑，具体问题具体分析，适当地进行换位思考，关注对方的感受，你就可以更好地做到三者的平衡。充分理解彼此的需求与感受，提高相处的质量，赢得理解与支持，争取到更多的能量、时间和精力并将其投入事业，我们的身心便会得到健康，我们就会收获平衡的状态，让成就持续下去，取得更加长远的发展。

健康、家庭、事业的平衡发展，本质上就是一种思利及人的体现。

我的平衡方法

即使非常清楚平衡的重要性，真正做到平衡也不是一件容易的事情。生活中处处都存在对平衡的挑战，比如过度沉迷于网络，追看一部电视连续剧，处理一件很棘手的事情，接待一个突然到来的访客，举办一次超出预期的活动，都可能让你暂时"忘记"平衡，或者突然不知道怎样才能做到平衡。

幸运的是，方法总比困难多，生活本身就是一位很有智慧的老师。你只要用心学习、留心体会，就能收获到很多达到平衡的好方法，让生活充满快乐。我一直在积极地探索，在这里和大家分享 3 个实现平衡的方法。

● **质与量**

我是个经常忙于工作的人，在外面工作的时间很多。有时每周只能回家一次，照顾家人的时间相对就少了。

可是在我心里，家人占据着非常重要的位置。比如，我的两个女儿正处在成长阶段，除了需要母亲的照顾，还非常需要父亲的辅导、帮助、关怀和疼爱。这是我的责任，是我需要处理好的平衡关系，我要在并不多的相处时间里给予她们足够的关爱。

简单来讲，这个方法就是质与量的平衡。

和女儿们相处的时间，从量的方面来讲是不多的。不过我可以通过很多方法提高我们相处的质，关注她们的成长，给她们所需的启发和教导，让她们感受到父爱的力量。

每次回到家，我都会将工作全部放下，找出女儿成长中最关心、最困惑的问题，用专门的时间和她们谈心，听听她们的想法，了解她们最近的生活，讲讲我最近的工作和遇到的趣事。我们一起玩游戏，一起度过快乐的家庭时间。女儿睡觉前，我会给她们讲故事，把一些做人的道理、价值观融入故事，讲完后我们还一起玩问答游戏，看谁记得最多。

还有一件事情很重要——陪她们一起经历成长的关键时

刻。我会特地留出时间参加女儿成长过程中对她们来说非常重要的活动，比如表演会等。我从不缺席她们最需要父母在身边鼓励、分享的时刻。

有效地和家人进行心灵沟通，提高了我们相处的质。我发现我们的感情并没有因为我的忙碌而受到影响，女儿们在成长中也没有缺失父爱和教导。同时，我也得到了宝贵的收获：女儿们对我的工作有了更多的认识和支持，越来越期待我回家；家庭的温暖增加了我工作的动力，这份感觉让我很快乐，工作之余能享受这样的生活真是一种幸福。

家庭对每个人都很重要，所以你没有理由忽略对家庭的照顾。

如果有条件，要尽量保证质与量。即使量的需求暂时做不到，我们也要想办法用质的提高来弥补。

质与量的平衡可以让你在工作很忙的时候也能照顾好家庭，获得更大的动力，让你把工作做得更好。

● 把角色分开

我在前面讲过，只有扮演好生活中每个重要的角色，才能获得真正的成功。

有一种平衡的方法可以帮你比较轻松地扮演好每个重要角

色，那就是学会有意识地把事情分开，把角色分开。给每个重要的角色留下单独的时间，尽情地投入，学会暂时放下其他角色。

工作就是工作，生活就是生活，一切就是这么简单。

所以，我会专心享受高尔夫球运动爱好者的角色，放下一切到球场打球，甚至会花一段时间去上高尔夫球的专业培训课；我会安排时间专心扮演好家庭成员的角色，和父母、妻女、兄弟姐妹在一起享受相聚的快乐，感受其他成员的生活乐趣；同样，当我回到工作岗位上时，我就是公司的一员，会全身心投入、认真地做好工作。

我在前面分享过专心汇聚能量的体会。舍得放下，专心做好一件事情，才能高质量地完成它。同样，把角色分开，才能保证自己扮演好每个角色。它可以让你在休息时得到真正的放松，在工作时专心、认真，收获成就，在家里用心经营和维护家庭成员的情感，三者都不耽误，而且各自的质量都有提高。这样一来，角色扮演好了，人也不累。

● **培养兴趣**

有一件事情对人生的平衡是很重要的，可是常常被人忽略，那就是培养兴趣。

有人曾经这样描绘自己的生活：每天工作结束后，回到家里什么事都不想干，觉得对什么都提不起兴趣，即使节假日也会感到很无聊。也有人讲，现在工作和生活的压力这么大，每天都忙得晕头转向，哪里还有时间培养兴趣。

如果一个人没有了兴趣，他的生活就是单调的。每天做的都是自己不喜欢的事情，时间久了，生活就容易失去乐趣、失去动力、没有激情、缺少创意。

如果你缺少兴趣，所有的时间都被工作占满，你就会变得敏感、患得患失。一旦工作遇到波折，你就会难以适应和承受。你的情绪随着工作的变化而波动，你的生活容易被工作左右。

而对于兴趣广泛的人来讲，他们的生活是充实的、精彩的。陶醉在兴趣中，即使十分疲倦，他们也会觉得兴致勃勃、心情愉快。遇到困难时他们不容易灰心丧气，而是想方设法去克服。

培养兴趣还能让我们举一反三、触类旁通、思路开阔，让我们增强理解能力，不会钻牛角尖。

我家就是这样，我父亲和哥哥们都有各自的兴趣爱好。先父喜欢游泳，80多岁还保持着每天游泳的习惯。我大哥喜欢爬山，每个星期都坚持爬山。我们兄弟4人都喜欢打高尔夫球，有一次，我们一起组队参加了一场高尔夫球比赛，还拿了团体冠军。我更是取得了高尔夫球比赛 18 洞 71 杆的好成绩。我还喜欢阅读、踢足球、滑板滑雪等。如果时间允许，我就会投入这些兴趣，不亦乐乎。

我发现，在繁重的工作和生活中给自己留出时间，做自己感兴趣的事情，是很有必要的。兴趣可以让我放下眼前的事情，获得休息，这样我的心胸扩大了，思路开阔了，灵感就涌出来了。

坚持下去，生活会更有动力，身体会更加健康，家庭会更加和睦，工作起来会更有干劲，生活会更加平衡，成就一生也就容易了。

法则 9

系统，让成功持续

假如只有你能做

在一次有关家族企业发展培训的活动上,与两位企业家的交流让我深有体会,故事是这样的。

在3天的培训时间里,企业家甲经常被电话打断,经常忙着在会场外处理事情。企业家乙则专心致志地完成了整个课程。培训结束后,我听到他们的对话。

乙问甲:"这几天看你忙的,公司有很多事情要你决定吧?"

"是啊,公司最近特别忙,有些事情下属都不知道怎么办,没有我不行呀。你说怎么办?"甲一脸无辜。

乙说："长此下去，你恐怕连参加培训的时间都没有了。看来你需要在公司里建立系统啊。"

听着他们的对话，我很认同企业家乙对建立系统的说法。

有了系统，有了清晰的流程和标准，大家都懂得如何做决定，企业离开谁都可以照常运转。那个时候，谁都不会成为做事情的瓶颈。工作和生活也是一样，当用"直升机思维"来思考问题时，我们就能发现，如果不能将生活和工作中的规律进行总结和整理，就很难将工作持续做好。如果没有系统来帮助更多的人掌握方法，事情就会很难做，我们所期待的成就也就不能持续下去。

系统是什么

系统是同类事物按一定的关系组成的整体。

在建立系统的过程中，为了持续不断地实现目标，我们需要将事情之间的关系联系在一起，总结形成一些规律性的东西，看看这些规律性的东西能否被重复和复制，从而保证系统的运行，让人们在下一次做得更容易，不断实现目标。

我们的生活中有很多系统。大到社会的教育系统、交通系统、医疗系统，还有企业的生产系统、质量保证系统、销售系统，小到我们自身的消化系统、呼吸系统、血液循环系统，等等。

其实，我们时时处处都在和系统打交道。有了这些每天保持自动运转的系统，国家、社会才能持续稳定地发展，人们的身体才能保持健康。

所有这些都是我们所需要的，而系统恰恰能帮助我们实现这些目标。

系统确保永续经营

只要细心观察，你就不难发现，每件事情完成的背后总有一定的关系，这些关系通常是不会轻易改变的，整体考虑这些关系，总结梳理，就形成了流程。

这个流程可以让不同背景、不同素养、不同经历的人从一开始就能按规律做事。无论在什么条件下，按照这个流程，任何人都能够把握每个要点，注意每个细节。这样不仅可以提高效率，让做事情的过程更简单、容易、顺畅，而且可以不断评估、完善和提高这个流程。

这样一来，成功就变得有规律可循，成功的速度大为提高，永续经营就成为现实。

这正是系统的力量。

所以有人说，评价一位职业经理人成功与否，不是看他在位时所做出的贡献，而是看他有没有建立起成功的系统，当他不在位的时候，别人仍旧可以延续他的成功。

运用系统这个法则，不仅可以帮助自己用正确的方法持续不断地获得成功，而且能让更多的人懂得运用系统。

对系统的建设和运用是实现永远创业的一个非常重要的环节。我们可以用一些方法在变化中找出规律，尽量避免变化所带来的影响，以不变应万变，使每件事情都变得更简单，可以更快速地被完成，这样结果就会更有保障，成功就会变得更容易、更持久。

"造钟"替代"人工报时"

要懂得怎样很好地运用系统这个法则，先要认识系统的一些基本特性，有两点需要注意，一个是造钟，一个是简单。

● 造钟与人工报时

看上去这是个很有趣的话题，造钟与人工报时都能告诉人们时间，但两者有什么不同呢？

有一本书对企业持续经营产生了很大影响，那就是《基业长青》。

书中有这样一段形象的描述：想象你遇到一位有特异功能的人，他在白天或晚上的任何时候都能够依据太阳和星星说出正确的日期和时间。例如，"现在是 1401 年 4 月 23 日，凌晨 2 时 36 分 12 秒"。我们很可能因为他的报时能力对他佩服得五体投地。但是，如果这个人不报时，转而制造一个可以永远报时的时钟，岂不是更令人赞叹吗？

前一种方式是"人工报时"，后一种方式是"造钟"。

"造钟"和"人工报时"最根本的区别在于，钟可以按照时间运行的规律工作，不用人们为每次报时花精力。而且，钟不会因为使用者的不同而汇报不同的时间，减少了人为或环境等因素带来的各种影响，保证了报时的正常运行，提高了效率。即使身边没有人，外面刮风下雨见不到太阳，它依然可以报出时间。

"造钟"就是建造系统。

清楚事物之间的关系，整合归纳并总结梳理出一整套"标准作业模式"就是"造钟"，或者说是建设好一个系统。"造钟"被完成之后，这个系统就能自动发挥作用，保证事情持续进行，不断为我们攻克难题、节省时间、提高效率、收获成果。

● 通过"造钟"发挥系统作用

在我们的工作中，通过"造钟"发挥系统作用是一个客观、必然的过程。

很多管理者的个人能力比较强，他们习惯于亲自上阵，遇到问题会在第一时间告诉员工答案，员工回去一试，果然立竿见影。

但是，员工再次遇到问题时还是不知道该怎么办，只好又跑来求助上司，久而久之就成了习惯，遇到难题立刻找领导。管理者解决一个下属的问题很容易，但如果是10个下属又该怎么办？如果每个下属都有问题，上司岂不是成了救火队员？上文故事中的企业家甲，遇到的正是这样的情况。

可想而知，这个管理者的时间肯定不够用，因为所有的事都等着他给出答案。更严重的是，如果一家企业依赖这样一位管理者，一旦他离开，就没有人懂得如何解决问题，那么整个企业的生存就成问题了。

管理者的角色是造钟者而不是报时者，即启发下属找到解决问题的途径和方法，而不是简单地告诉下属该如何去做。短期来看，这样做需要付出很大的代价——可能明明5分钟就能说清楚的事情，却用了很长时间来制定标准流程和规章制度。

如果用"直升机思维"来思考，当员工的思维方式和工作方法都受到启发，懂得独立应对各种问题的时候，整个组织的效益就提高了。

"造钟"而不是"人工报时"，制定标准化作业流程、适合大家的规章制度、符合人性的办事方法，这才是一个好的管理者应该做的。

虽然人人未必都能成为管理者，但"造钟"和"人工报时"对我们来说同样具有启发意义。

很多家长溺爱孩子，什么事情都替孩子做好，却从未想过怎么教孩子去做，让孩子学会独立生活、独立思考，形成良好的生活习惯和与人交往的能力。结果孩子长大以后什么都不会做，不会做饭，不会洗衣服，不知道该如何与人友好相处，生活起居、找工作甚至恋爱结婚都要依赖父母。家长扮演着人工报时者的角色，而不是一个造钟者。

常言道，授人以鱼，不如授人以渔，讲的是同样的道理。

● 学会"造钟"

在生活和工作中，无论你处在哪个阶段，都不妨碍运用

"造钟"的方式处理事情。你如果能运用系统思维,为自己总结和整理一些必要的步骤和流程,就能兼顾更多方面。考虑到长远的利益,处理事情就会更全面,就能保证持续成功。

掌握系统并不难,谁都可以建立系统。我们可以在不断"造钟"的实践中练习运用系统来考虑问题。没有人天生就是建造系统的专家,所有经验都是通过不断的练习和总结得出的。

在生活中,如何运用"造钟"来发挥系统的作用呢?对此我有一些小建议,我们可以通过思考这样几个问题来获得启发:

我是不是已经清楚了这件事情的出发点?
这种方法能不能一直用下去?
这件事情我能做到,换了别人是不是也能做到?
如果今天能够做到,明天是不是也能做到?
……

如果你心中的答案都是否定的,我建议你好好地考虑一下如何为这件事情"造钟"——建立系统。

"造钟"并不难,我的体会是,可以简单地运用以下4个

步骤来完成:

说你所做的——将你是怎么做的说出来。

写你所说的——将你说出来的内容写下来。

做你所写的——按照你所写的去做。

改正不对的——在做的过程中不断检讨和完善。

将这个流程不断地循环下去,从中找出标准的作业流程,就是"造钟"的一种方法。

我希望所有的报时者都能朝着造钟者的方向发展。这样一来,我们不仅能掌握更多的知识和道理,也能获得更大的进步,得到更多的回报。

简单是定律

系统的另外一个特性就是简单。

一个方便学习、易于操作、容易传播的系统一定是简单的,也只有这样的系统才有生命力,才符合人们的需要,才可以帮助企业做到永续经营。

大自然的最奇妙之处在于,它遵循最简单的基本规律。人们只有尊重规律，才能生存和成功。

● **越本质的东西其实越简单**

系统是一系列规律的总结。规律是简单的，所以系统也应该是简单的。

任何事情都一定有更简易的方法，任何问题都一定有更简单的答案，越简单就越容易找到事物的本质，获得成功。

但是，人们总是容易将简单的事情复杂化，抓不住事情的本质、找不到问题的核心、看不到事情的主要方向就容易迷失方向。这样，你就要花费更多的成本、时间和资源，效果也会大打折扣，甚至会适得其反。

这也是为什么我一直提倡凡事先问出发点——为什么做？为了谁做？做了之后会怎样？

这些问题有助于你把握做事的根本，把握建立系统的关键环节。清楚了出发点，做起事情来就会少走弯路，耗费最少的资源达到最大的效果，简单有效。

● **简单，不简单**

事物的本质与系统的关键点，都是经过大量现象搜集、多次总结和提炼才得到的结果。所以，"系统"的描述是简单的，但其内涵是丰富的。

在李锦记，在每项活动或每次重要会议结束前，我们都有一个"打分"和"说说你的想法"的环节，参会者畅所欲言，发表对活动或会议的策划、组织、氛围、效果以及需要改善之处的意见。

与以前详细、具体、耗时长的问卷调查方式相比，"打分"和"说说你的想法"要简单得多，因为这是一种感性的交流，没有什么特别要求，只要将自己最真实的感受讲出来就行了。

表面上看，这是个很简单的做法。但是，大家在交流和总结中你一言我一语，各抒己见，会互相启发和学习，从而加深了理解，增加了对活动或会议的认识，得到了共同提高。同时，总结和交流时还可以对大家的疑问或不解的地方做出实时解答，从而消除疑惑、统一认识。

● **简单才好复制**

系统能否有效地发挥作用，关键在于运用系统的人。只有当真正理解这个系统后，人们才会喜欢用，才会用得好，系统的作用才能真正得以发挥。

一个系统是只有几个人会用还是大多数人都会用，其效果是有很大差别的。

比如，一件事情有上百道工序，那就需要专家才能做好。如果有几十道工序，那就需要非常专业且熟练的工人去完成。如果只有几道工序呢？也许大多数人只要经过简单的培训就可以掌握了。流水线之所以能够短短几十年就取代了沿用数千年的手工作业，成为现代生产的主流，就是因为它成功地实现了大量复杂事情的简单化。

系统的建设就是为了减少人为的不确定性，不把事情的成败完全寄托在少数人身上，这也防止了不利因素成为企业持续发展的瓶颈。

"思利及人"是李锦记的核心价值观，也是企业文化的重要内容，它源于中国传统文化，是为人处世的智慧和原则。它可以帮助每个人平衡好生活和工作，与他人和谐相处，在工作中获得共赢。

但是，怎么把这么好的观念传递给大家，让人人都可以很好地领会其中的内涵并从中受益呢？

从前的做法是，我和其他几位主要管理人员利用会议或者工作机会向其他同事分享经验，但这样做效果并不理想。我们不讲话就没人开口，而且由于没有一种标准的说法，大家对经验的理解也不一致。

这个时候，我们就决定建立一个企业文化传播系统。这个系统应该是简单且容易传播的。所以，我们在思考和讨论的时候就达成了这样的共识：要把"思利及人"的核心思想归纳成几个要素，这些要素一定要用通俗直白的语言来表达，不能总结得太长，最好一看就明白。只有这样，才能做到简洁、好理解、易传播、收效好。

有了这样的出发点，经过了细致的研究和讨论，我们首先提出了"思利及人"的3个要素：直升机思维、换位思考和关注对方的感受。

这3个要素的提炼经过了无数次讨论。在每一次讨论中，我们都把"建造系统要简单"作为过滤器：

要点不要超过3个，这样才容易记，要抓住"思利及人"的核心关键。

表达要直白、通俗，没有歧义。用我的一句话说就是："三年级的小学生都能看懂。"

正是因为有了这样一个标准化的、简单易传播的系统，现在，"思利及人"的观念在企业内部可以说人人知、人人懂、人人能讲、人人有意识地去做。同时，这种简单的传播系统也为我们在实践中进一步创新和发展留下了空间。

系统就是让你在做事的时候少受那些主观或客观上的不可控因素的影响，简化做事的流程，降低思考和研究的成本，让你可以更专心地投入工作，甚至可以有更多的时间去创新。所以，简单的系统让人们的生活更轻松，让成功得以持续。

用"学做教"建系统

系统在人们生活中的运用可以说无处不在。小到制订健康计划、教育孩子养成良好的生活习惯，大到培养一支优秀的团队、成功地经营一家公司，其实都是通过建立一套标准化的作业流程来实现的。

这种标准化的作业流程能帮助人们很简单、很轻松地将一个好习惯、一种好方式、一套顺畅的步骤等持续地保持下去。人们在这个标准化作业流程的保障下能够更从容、更轻松。

这正是系统在发挥作用。

● **系统的生命在于复制成功**

大街上随处可见麦当劳、肯德基、7-ELEVEn，无论你走进哪一家店，你印象最深的是什么？一模一样。统一的装修风格、统一的着装、统一的用语标准、统一的服务流程，甚至连擦桌子的次数都是一样的。这些连锁店为什么能够做到这么统一？秘诀就是系统。

这个系统的每个环节都有标准的动作、步骤和流程，任何人都可以简单复制。所以，他们可以将这些成功经营的经验和店面像复印一样，轻松地复制到世界各地。系统的生命就在于复制成功。

既然系统对每个人的生活这么有用，那么有没有一种简单可行的方法，让人们在做任何事时都可以主动又容易地建立系统呢？

我觉得是有的。这些年对系统的运用实践让我越来越深刻地感受到系统对成就一生的重要性。现在，我就和大家分享一个简单易行的建立系统的方法。

● "学做教"与思利及人

学，包括向他人学、在做中学、在教中学。也就是向他人学习成功经验，包括别人是怎么做的、怎么学的、怎么教的。

做，包括学他人做、自己做、教他人做。也就是把你所学到的应用到实践中，并且反复地去检验。一方面，在实践中复制别人的成功模式；另一方面，在实践中不断地提炼、总结和完善，形成一套符合你自己需要的标准作业流程。

教，包括教他人学、教他人做，以及教他人教。也就是将你学到的或者正在做的标准作业流程教给他人，不仅要教别人如何去做，还要教别人如何再去教其他人。

其实，"学做教"本身就是一个系统。"学""做""教"3个基本动作，简单、浓缩地概括了建造系统所需的元素和流程，这3个元素彼此关联、缺一不可。

有位专家说，最好的学习方法是把自己学到的在48小时内讲给别人听，以教带学，有助于提高学习效率。换个角度来看，学是吸收知识的过程，做是实践知识的过程，教是检讨、修正、调整的过程。

可以说，"学做教"也是一个教你如何复制成功的系统。

这个建立系统的方法简单易操作，为了让大家更好地理解，下面我和大家分享如何用"学做教"的方法推广"思利及人"文化系统。

学，学习"思利及人"的来源以及3个要素、3个原则和9个法则，并了解各个要点的关系和意义。

做，结合生活和工作中的实际情况，按照9个法则的具体做法自我尝试，把握法则中的关键点，比如凡事先思考出发点，做事情要有建造系统的思维等。

教，把自己实践的体验和感受总结起来分享给他人，告诉他们如何正确地理解和运用这些法则，并不断地复制这些经验。

当你把对"思利及人"的体验和感受告诉他人，把9个法则的好处分享给他人时，也许你会意识到自己对它们的理解还不够深刻，也许你也会遇到他人的困惑和问题，那就需要你继续学习，加深体验和感悟。这时，你就需要重复这3个动作。

在这样一个不断循环的过程中，你会找到有效的"思利及人"的推广方法。

在生活中,你也可以用"学做教"复制别人成功的模式和流程。

用"学做教"建造系统,不仅可以应对今天的问题,把握今天的机遇,还能为明天做好准备。因为这样的系统强调的是学习、实践和复制能力的提升。可以说,"学做教"是一个有学习能力的系统,是一个简单易复制的系统,是一个不断复制成功的系统。

小　结

要在不可预知的变化中实现"我们"整体的可持续发展，就需要从"我"开始：有不停进步的意识，学习掌握应对变化的能力，懂得在变化中考虑"我们"的平衡，扮演好人生中的重要角色，还要找出本质规律，建立"让事情可以持续做下去"的系统，持续地追求创新，这就是"永远创业"。

如果我们将"学做教"用于9个法则的理解、运用和传播，将这9个法则都化为你的能力，那么在这个过程中，你就可以了解一些为人处世的客观规律，掌握思利及人的智慧，拥有成就一生的力量。

最重要的是，"思利及人"折射的是中华优秀传统文化的精髓。如果能够运用"学做教"将思利及人的理念传播开来，让更多的人不虚此生，以此来造福广大民众，那就是一件很伟大的事情了。

俗话说，学海无涯。我也在不断地实践探索，需要借助各位读者的力量，搜集大家的回馈意见。希望我们可以增进交流，将思利及人所蕴含的巨大力量发挥得更加有效。对此，我非常期待。

思利及人公益基金会

"思利及人公益基金会"是由无限极（中国）捐资2 000万元人民币作为原始基金，获中华人民共和国民政部批准，于2012年12月10日正式成立的非公募基金会。本基金会的宗旨是：传承"思利及人"核心价值观，关注大众健康，凝聚社会爱心力量，推动社会和谐与进步。

思利及人公益基金会在以下范围内开展公益活动：
关注大众健康；
助力乡村振兴；
支持低碳发展；
助推教育赋能；
支援应急救灾。